Études de l'OCDE sur la croissance verte

Vers une croissance verte?

SUIVI DES PROGRÈS

Cet ouvrage est publié sous la responsabilité du Secrétaire général de l'OCDE. Les opinions et les interprétations exprimées ne reflètent pas nécessairement les vues officielles des pays membres de l'OCDE.

Ce document et toute carte qu'il peut comprendre sont sans préjudice du statut de tout territoire, de la souveraineté s'exerçant sur ce dernier, du tracé des frontières et limites internationales, et du nom de tout territoire, ville ou région.

Merci de citer cet ouvrage comme suit :
OCDE (2015), *Vers une croissance verte ? : Suivi des progrès*, Études de l'OCDE sur la croissance verte, Éditions OCDE, Paris.
http://dx.doi.org/10.1787/9789264235663-fr

ISBN 978-92-64-23563-2 (imprimé)
ISBN 978-92-64-23566-3 (PDF)

Collection: Études de l'OCDE sur la croissance verte
ISSN 2222-9531 (imprimé)
ISSN 2222-954X (en ligne)

Les données statistiques concernant Israël sont fournies par et sous la responsabilité des autorités israéliennes compétentes. L'utilisation de ces données par l'OCDE est sans préjudice du statut des hauteurs du Golan, de Jérusalem-Est et des colonies de peuplement israéliennes en Cisjordanie aux termes du droit international.

Crédits photo : Couverture © Création graphique : advitam pour l'OCDE

Les corrigenda des publications de l'OCDE sont disponibles sur : *www.oecd.org/about/publishing/corrigenda.htm*.

AVANT-PROPOS

Ce rapport tire les enseignements de l'expérience acquise par les pays quatre ans après le lancement de la Stratégie de l'OCDE pour une croissance verte et examine comment améliorer la conception des politiques pour mettre en place une croissance verte.

Le rapport *Vers une croissance verte ? Suivi des progrès* fait le bilan de l'expérience acquise depuis 2011 par les pays sur la voie d'une croissance verte. La Stratégie de l'OCDE pour une croissance verte de 2011 a apporté aux gouvernements une première série d'orientations importantes sur la façon de mettre en œuvre la croissance verte en stimulant la croissance et le développement économiques, tout en veillant à ce que les actifs naturels continuent de fournis les ressources et services environnementaux essentiels au bien-être humain. La croissance verte exige de repenser les modes de production et de consommation actuels à l'échelle de toute l'économie. Elle devra revêtir une dimension mondiale afin d'éviter de simplement délocaliser les modes de production et de consommation non durables. Le présent rapport évalue les problèmes communs rencontrés depuis 2011 par les pays membres et partenaires de l'OCDE pour aligner les priorités économiques et environnementales au service d'une croissance verte. Il se propose de hâter le pas, en faisant ressortir les domaines dans lesquels des politiques de croissance verte plus ambitieuses et efficaces pourraient être mises en place afin d'aider les pays à saisir les opportunités qui s'offrent à eux.

Réexaminer la Stratégie pour une croissance verte afin d'améliorer le bien-être. Reconnaissant que la conception des politiques de croissance verte est un travail en cours, la Stratégie pour une croissance verte de 2011 a recommandé un effort accru dans plusieurs domaines, notamment : poursuivre l'analyse des politiques d'innovation et d'investissement lorsque l'asymétrie d'information pose de graves problèmes ; étudier le rôle des politiques sociales pour contribuer à compenser les pertes de ceux qui pourraient se trouver pénalisés et réduire les perturbations causées par la transformation structurelle sur le marché de l'emploi ; intégrer la croissance verte dans les principales recommandations stratégiques de l'OCDE, afin de tenir compte des conditions propres à chaque pays ; et accélérer le développement des indicateurs de progrès pertinents. Les analyses consacrées par l'OCDE à la croissance verte ont par conséquent été approfondies depuis 2011. Le présent rapport passe en revue les travaux entrepris depuis cette date dans les nombreuses disciplines en lien avec la croissance verte. Il examine dans quelle mesure la Stratégie pour une croissance verte peut être révisée et étayée par les analyses effectuées et les enseignements tirés des problèmes rencontrés jusqu'ici par les pays dans la mise en œuvre de leur politique de croissance verte.

Les procédures institutionnelles d'intégration transversale de la croissance verte sont également essentielles au progrès. L'OCDE a déployé des efforts soutenus et concertés pour instiller la croissance verte dans l'ensemble de son programme de travail ; son expérience montre l'importance que revêt le cadre institutionnel. Comme en témoigne le volume des travaux entrepris depuis 2011, le processus d'intégration transversale a fait des progrès considérables. Les avancées restent cependant inégales et des travaux doivent encore être poursuivis dans plusieurs domaines importants. Pour assurer l'efficacité des stratégies de croissance verte, les gouvernements doivent revoir leurs cadres institutionnels de façon à intégrer la prise de décisions économiques et environnementales et assurer la coordination entre les grands domaines d'action, comme cela a été fait à l'OCDE. Les gouvernements et autres organisations engagées sur la voie d'une croissance verte pourront donc tirer des enseignements utiles du processus d'intégration transversale mis en place par l'Organisation.

L'objectif ultime de ce rapport est d'accélérer la mise en œuvre des politiques de croissance verte dans les pays en fournissant aux décideurs des recommandations stratégiques plus ciblées et cohérentes. Les orientations issues des expériences nationales, la version enrichie de la Stratégie pour une croissance verte et les enseignements tirés du processus d'intégration transversale de l'OCDE visent à offrir aux gouvernements des outils utiles pour atteindre cet objectif. Le rapport permettra de mieux cibler les futures orientations stratégiques, en faisant ressortir les domaines d'analyse prioritaires et les possibilités de renforcer encore le processus d'intégration transversale à l'OCDE et ailleurs. La Stratégie pour une croissance verte encadre le travail de l'OCDE en matière d'environnement et fait partie intégrante de la panoplie de mesures de prospérité qui reconnaissaient pleinement le rôle du capital naturel dans la croissance économique et le bien-être humain. En tant que tel, le rapport contribue au travail effectué par l'Organisation dans la réalisation des étapes majeures des politiques environnementales, dont la Conférence des parties de la Convention-cadre des Nations Unies sur les changements climatiques de 2015 et les négociations du programme de développement Post-2015, ainsi que le travail sur les enjeux environnementaux actuellement en cours dans le cadre d'autres forums internationaux, tels le G20.

STRUCTURE DU RAPPORT

Le résumé présente les principaux résultats et les recommandations à l'intention des décideurs politiques.

Bilan des progrès réalisés quatre ans après le lancement de la Stratégie pour une croissance verte...

1 **Rappelle les principaux éléments de la Stratégie pour une croissance verte de 2011.**

2 **Passe en revue les enseignements tirés des problèmes rencontrés par les pays dans la mise en œuvre des cadres d'action pour une croissance verte.**

... pour faire avancer le programme de croissance verte.

3 **Propose une mise à jour de la Stratégie pour une croissance verte à la lumière des travaux de l'OCDE et de l'expérience acquise par les pays depuis 2011 et décrit les prochaines étapes à envisager.**

4 **Passe en revue les progrès effectués en matière d'intégration transversale et étudie comment en accélérer le processus, tout en soulignant les enseignements à en tirer aussi bien par l'OCDE que par les gouvernements.**

REMERCIEMENTS

Ce rapport est un des résultats du Programme horizontal de l'OCDE pour la croissance verte, supervisé par Catherine Mann (Chef économiste) et Simon Upton (Directeur, Direction de l'environnement). Son élaboration a mobilisé les spécialistes de l'OCDE dans les domaines de la politique économique et environnementale, des indicateurs et de la mesure du progrès. Il a été établi en coopération avec le Département des affaires économiques (ECO), l'Agence internationale de l'énergie (AIE), la Direction des affaires financières et des entreprises (DAF), la Direction de la science, de la technologie et de l'innovation (STI), la Direction de la coopération pour le développement (DCD), la Direction des statistiques (STD), la Direction de la gouvernance publique et du développement territorial (GOV) et la Direction des échanges et de l'agriculture (TAD).

La préparation du rapport a été confiée à Justine Garrett, avec le concours de Ryan Parmenter, de l'Unité Croissance verte, sous la supervision de Nathalie Girouard (anciennement Coordinatrice des travaux sur la croissance verte, actuellement Chef de la *Division des performances et de l'information environnementales* à la *Direction de l'environnement*). Merci à Rachel Samson, de *Carist Consulting* qui a participé à la rédaction, à Lupita Johanson qui s'est occupée de la communication, et aux stagiaires Sven Van Mourik (*American University of Paris*) et Florian Egli (*The Graduate Institute*, Genève). Nos remerciements vont également à Deborah Holmes-Michel pour son précieux soutien administratif.

Le rapport a bénéficié de consultations menées auprès des organes de l'OCDE suivants : Comité d'examen des situations économiques et des problèmes de développement (Comité EDR), Groupe de travail n° 1 du Comité de politique économique (CPE/WP1), Comité des politiques d'environnement (EPOC), Groupe de travail sur l'intégration des politiques environnementales et économiques (EPOC/GTIPEE), Groupe de travail sur le climat, l'investissement et le développement (EPOC/GTCID), Comité des Statistiques et de la politique statistique (CSSP), Comité de la politique scientifique et technologique (CPST), Comité de l'investissement (CI), Réseau du Comité d'aide au développement sur l'environnement et la coopération pour le développement (CAD/ENVIRONET), le Comité de l'industrie, de l'innovation et de l'entrepreneuriat (CIIE), Session conjointe des experts sur la fiscalité et l'environnement (SCEFE), Groupe de travail sur l'information environnementale (GTIE) et Groupe de travail sur la biodiversité, l'eau et les écosystèmes (GTBEE).

Les auteurs sont reconnaissants à Janine Treves, Katherine Kraig-Ernandes et Romy de Courtay qui ont assuré le processus éditorial et la publication, ainsi qu'à *Lokaalwerk* (Ernst Bernson et Yvonne Willems) qui ont conçu les éléments visuels et la maquette du rapport.

TABLE DES MATIÈRES

TABLEAUX

GRAPHIQUES

ENCADRÉS

RECURSOS PLANIFICACIÓN URBANA
ENVIRONMENTAL RISK
PESQUEROS INSTRUMENTS DE MARCHÉ
MARCHÉS DU TRAVAIL ÉCOSYSTÈMES
VERTE INFRASTRUCTURE WILDLIFE RESOURCES ELECTRICIDAD DÉVELOPPEMENT DURABLE R&D
ÉMISSIONS DE CO_2, SO_x, NO_x
COMPETENCIAS
INNOVACIÓN
GOBERNANZA
ÉDUCATION ENVIRONNEMENTALE
COÛT DE L'INACTION
ENERGY INTENSITY
INDICADORES
INVESTMENT AND FINANCE
DESECHOS
CAMBIO CLIMÁTICO
EDIFICIOS ECOLÓGICOS
FIRM BEHAVIOUR
MULTIFACTOR PRODUCTIVITY
FORMACIÓN
ESTRATEGIAS DEL CRECIMIE TO VERDE
ENVIRONMENTAL GOODS AND SER
IMPACT SUR LES MÉNAGES
RESSOURCE DU SOL
FLUX DE MATIÈRES
PRODUCIÓN DEL CO^2

LAND COVER

PATRIMOINE NATUREL

ACCORDS INTERNATIONAUX

PATENTS

RISQUE SYSTÉMIQUE

FRESHWATER RESOURCES

CIUDADES ECOLÓGICAS

BIODIVERSITY LABELLING

PRODUCTIVITY

ENERGY

RESSOURCES MINÉRALES

SOCIAL POLICY

POLICY

POLÍTICAS LOCALES

CO-ORDINATION

SUBSIDY REFORM

SANTÉ

VICES

USOS DEL SUELO

GREEN SUBSIDIES

REGULACIÓN

FIRM BEHAVIOUR

WATER POLLUTION PRICING

EFFETS SUR LA COMPÉTITIVITÉ

LANDFILL WASTE

FOSSIL FUELS

DÉVELOPPEMENT

QUALITÉ DE VIE

AGRICULTURA

COMERCIO

POLLUTION ATMOSPHÉRIQUE

RESOURCE PRODUCTIVITY

FINANZAS INTERNACIONALES

NOUVEAUX MARCHÉS

SUBVENCIONES ECOLÓGICAS

FOREST RESOURCES

MESURES VOLONTAIRES

CONSUMER BEHAVIOUR

ADAPTACIÓN

PLANIFICATION RÉGIONALE

PRODUCTOS QUÍMICOS

OPPORTUNITÉS D'EMPLOI

AGUA

PRODUCTIVITÉ MATÉRIELLE

EMISSIONS TRADING

TAXATION

RESOURCE BOTTLENECKS

AGUA POTABLE

ECOTURISMO

TRANSPORTE

SEWAGE TREATMENT

TRAFFIC CONGGESTION

ENERGY PRICING

SYSTÈME FISCAL

PRIX DU CARBONE

TECNOLOGÍA

ACCÈS À L'ÉNERGIE

RÉSUMÉ

121

milliards USD : les dépenses publiques consacrées aux subventions aux énergies renouvelables en 2013

60

territoires appliquent ou envisagent une tarification du carbone

2%

la part moyenne du produit des taxes liées à l'environnement dans le PIB des pays de l'OCDE

3

piliers de la croissance : la croissance de la productivité, la croissance verte, la croissance inclusive

42

pays ont signé la Déclaration de l'OCDE sur la croissance verte

4%

du PIB : le coût social moyen de la pollution atmosphérique dans les pays de l'OCDE

LES PAYS PRENNENT DES MESURES POUR PROMOUVOIR LA CROISSANCE VERTE, MAIS DOIVENT AGIR AVEC BEAUCOUP PLUS DE DÉTERMINATION POUR INTÉGRER LES LES PRIORITÉS ENVIRONNEMENTALES DANS LES PROGRAMMES ÉCONOMIQUES.

La Stratégie pour une croissance verte de 2011 : allier « environnement » et « croissance ». En 2009, les ministres des pays de l'OCDE ont invité l'Organisation à élaborer une Stratégie pour une croissance verte afin d'appuyer l'action des pays membres et des partenaires de l'OCDE en vue d'atteindre un redressement économique et une croissance écologiquement et socialement durable. La Stratégie pour une croissance verte de 2011 a été élaborée en réponse à ce mandat : elle offre aux pouvoirs publics un cadre pour stimuler la croissance et le développement économiques indispensables au bien-être de l'humanité. Elle reconnait que les risques à la croissance continuent de croître à mesure que les modèles de croissance traditionnels ont des impacts négatifs sur l'environnement qui sous-tend le bien-être humain. Outre le besoin d'une plus grande croissance de la productivité, la stratégie de croissance doit prendre en compte les conséquences de celle-ci sur l'environnement physique. La nécessité de garantir l'inclusivité de la croissance est un pilier supplémentaire de celle-ci.

Pendant ces quatre années, les pouvoirs publics ont pris des initiatives en faveur de la croissance verte. La plupart des pays ont mis en œuvre des mesures pour commencer à tarifier la pollution et encourager l'utilisation efficace des ressources, en recourant notamment à des instruments tarifaires, des mesures réglementaires et des subventions. Un tiers environ des pays membres et plusieurs pays partenaires de l'OCDE ont adapté, ou sont en train d'adapter, le cadre des indicateurs de la Stratégie pour une croissance verte visant à faciliter l'évaluation et le suivi des progrès accomplis au regard des objectifs nationaux de croissance verte.

Des efforts beaucoup plus concertés sont nécessaires pour parvenir à aligner correctement les priorités économiques et environnementales. Pour promouvoir la croissance verte, les gouvernements doivent inscrire les problématiques environnementales au cœur de leur politique économique, en articulant les priorités économiques et environnementales de la réforme au sein d'un ensemble cohérent d'objectifs. Les ministères des Finances et de l'Économie ont un rôle primordial à jouer. Plusieurs pays ont pris des mesures appropriées, en se dotant notamment de stratégies de croissance verte et de commissions interministérielles chargées de coordonner les différents éléments des politiques de croissance verte. Aucun pays n'a toutefois réussi à allier parfaitement les priorités environnementales et économiques de la réforme. La mesurabilité continue également de poser un problème, puisque de nombreux pays ne disposent pas de données sur des périodes suffisamment longues pour pouvoir véritablement évaluer les politiques.

Les recommandations dispensées par l'OCDE depuis 2011 montrent que la transition n'est pas terminée. Depuis 2011, l'OCDE a intégré les considérations de croissance verte dans les principales recommandations stratégiques dispensées aux pays. Les problèmes identifiés de manière récurrente concernent l'attribution d'un prix explicite au carbone ; la mise en œuvre d'instruments tarifaires dans le domaine de l'eau, des déchets et des transports ; le déplacement de la charge fiscale au profit des taxes liées à l'environnement ; et l'élimination des incohérences préjudiciables à l'environnement dans les systèmes d'imposition. Les autres défis à relever concernent la gestion des subventions favorisant les technologies vertes ; la suppression progressive des subventions ayant des effets pervers sur l'environnement ; et la réorientation des politiques sectorielles dans le sens d'une croissance verte dans des domaines tels que les infrastructures, l'innovation et la maîtrise de l'énergie. Bien que non exhaustifs et ne s'appliquant pas nécessairement à tous les pays, ces défis donnent une idée des principaux domaines dans lesquels les pays peuvent améliorer la mise en œuvre de leurs politiques de croissance verte.

Pour aller de l'avant, il est indispensable d'appréhender bien plus clairement les opportunités et arbitrages qui découlent des politiques de croissance verte. Sans idée claire des opportunités économiques que créent les politiques d'environnement – ou des répercussions potentielles des dommages environnementaux sur la croissance du produit intérieur brut – les gouvernements auront du mal à aligner les priorités économiques et environnementales pour établir leurs objectifs de croissance verte. D'importantes analyses ont été réalisées depuis 2011, mais il reste beaucoup à faire pour mettre en évidence tant les perspectives économiques que les meilleurs résultats en matière d'environnement découlant des politiques destinées à promouvoir la croissance verte (par exemple, pour avancer la compréhension de l'ensemble des conséquences économiques des politiques environnementales, par exemple sur l'investissement, les procédés de production, l'entrée et la sortie des entreprises, et le travail pour quantifier les effets de retour des dommages environnementaux sur les économies. En tant que partie intégrante de la promotion de mesures favorisant la prospérité qui reconnaissent pleinement le rôle du capital naturel dans la croissance économique et le bien-être humain, de tels efforts peuvent aussi contribuer à la réflexion lors des négociations internationales pertinentes, telles que la Conférence des parties de la Convention-cadre des Nations Unies sur les changements climatiques de 2015, les négociations concernant le programme de développement post-2015 et le travail sur l'environnement en cours dans le cadre de forums tels que le Groupe des vingt.

LES GOUVERNEMENTS DEVRAIENT

- rompre **avec les politiques communément appliquées qui ne tiennent pas compte des coûts environnementaux et mettre en œuvre des politiques de croissance verte, tout en reconnaissant quelles performances économiques et environnementales sont inséparables à long terme**
- faire **avancer la compréhension des complémentarités et des arbitrages entre les objectifs économiques et environnementaux, afin de mieux nourrir l'élaboration des priorités économiques et environnementales.**

LA CONFIANCE DU PUBLIC EST UN ÉLÉMENT CENTRAL DE LA RÉFORME : LES GOUVERNEMENTS DOIVENT LA CULTIVER

La mise en place d'une tarification directe des activités préjudiciables à l'environnement est indispensable à la croissance verte, mais l'opposition politique pose un problème crucial. Bien qu'il soit économiquement plus rationnel de taxer directement les externalités, l'opposition suscitée par ce type de mesure fait qu'il est plus commun de taxer les intrants ou les extrants des activités préjudiciables à l'environnement, comme les carburants ou l'électricité, plutôt que de mettre en place des mécanismes de tarification explicite.

L'expérience des pays montre qu'en l'absence d'efforts plus concertés pour faire face aux enjeux politiques liés à la réforme, la croissance verte continuera sans doute de susciter une opposition politique. Il faut intensifier l'expérimentation politique, en produisant des évaluations rigoureuses ex post et en diffusant rapidement leurs résultats, par exemple par le biais d'études de cas. L'expérience acquise par certaines juridictions comme l'Irlande ou la province canadienne de Colombie-Britannique montre que des facteurs tels le leadership, la consultation, la mise en œuvre progressive et la transparence des analyses peuvent contribuer au bon fonctionnement des mécanismes tarifaires.

Lorsque les augmentations ou transferts d'impôts suscitent une forte opposition, les pouvoirs publics peuvent être contraints de se tourner vers d'autres mécanismes que la tarification directe. La tarification implicite et les approches réglementaires peuvent alors fournir des moyens plus efficaces de progresser dans le sens voulu.

40%
des rapports de suivi des politiques nationales établis par l'OCDE depuis 2011 formulent des recommandations sur la tarification du carbone

10%
des travaux de suivi des politiques nationales examinent les conséquences pour les ménages

17%
des travaux de suivi des politiques nationales examinent les conséquences pour le marché du travail

Les conséquences redistributives potentielles, notamment les effets sur le marché de l'emploi et sur les ménages, méritent d'être davantage pris en considération par les pouvoirs publics. Outre de faciliter l'application de la réforme, de telles mesures sont essentielles pour éviter que les politiques de croissance verte n'aggravent les inégalités, qui ont déjà tendance à se creuser dans bien des pays. Les mesures en faveur de la mobilité générale de la main-d'œuvre et du développement des compétences doivent répondre à la demande, et les programmes de formation doivent être constamment ajustés en fonction de l'évolution des besoins des employeurs. À mesure que les emplois nécessiteront des « compétences vertes » de plus en plus développées, les politiques de l'emploi et des affaires sociales devront accompagner cette évolution, comme cela a déjà été le cas pour répondre aux besoins créés par l'expansion rapide des technologies de l'information et de la communication. Il importe particulièrement de mettre en place des dispositifs de protection sociale dans les pays en développement, où les populations risquent d'être plus vulnérables aux effets de la réforme et où les systèmes de transfert sont moins développés, voire inexistants. Outre de faciliter l'application de la réforme, de telles mesures sont essentielles pour éviter que les politiques de croissance verte n'aggravent les inégalités, qui ont déjà tendance à se creuser dans bien des pays.

LES GOUVERNEMENTS DEVRAIENT

- mettre **davantage l'accent sur les problèmes politiques associés à la réforme en faveur d'une croissance verte, particulièrement la mise en œuvre de mécanismes de tarification directe, en s'appuyant sur l'expérience des pays (par exemple, en recourant aux évaluations ex post des politiques et à des études de cas)**
- envisager **de recourir plus activement aux approches réglementaires lorsque les augmentations ou transferts d'impôts rencontrent une forte opposition**
- faire **progresser la compréhension des effets régressifs des politiques environnementales sur les ménages et identifier les meilleures pratiques découlant de l'expérience des pays à ce jour, y compris de point de vue de l'économique politique**
- veiller **à ce que les mesures en faveur de la mobilité générale de la main-d'œuvre et du développement des compétences répondent à la demande générée par la croissance verte, et ajuster en permanence les programmes de formation en fonction des besoins des employeurs. à mesure que les emplois nécessiteront davantage de « compétences vertes », les politiques de l'emploi et des affaires sociales devront s'adapter pour accompagner cette évolution.**

LES POLITIQUES GOUVERNEMENTALES MAL ALIGNÉES FREINENT CONSIDÉRABLEMENT LA RÉFORME

La croissance verte est tributaire de signaux forts et cohérents indiquant que les coûts de la dégradation de l'environnement et de l'utilisation non durable des ressources vont progressivement augmenter. Des mesures réglementaires pour orienter les politiques sectorielles et thématiques pour soutenir la croissance verte sont également essentielles. Les politiques gouvernementales actuelles ne favorisent pas de manière consistante une évolution des comportements des producteurs et consommateurs en faveur de la croissance verte.

548 milliards USD : le montant du soutien aux consommateurs de combustibles fossiles dans les économies en développement et émergentes en 2013 (4 fois celui du soutien aux renouvelables)

55-90 milliards USD : le montant du soutien à la consommation et à la production de combustibles fossiles dans les pays de l'OCDE entre 2005 et 2011

26.8 milliards EUR par an : le manque à gagner fiscal dû au traitement fiscal avantageux dont bénéficient les véhicules de société ; 116 milliards EUR : les coûts sociaux associés

Les gouvernements continuent globalement de dépenser 640 milliards USD (dollars US) par an en subventions aux combustibles fossiles préjudiciables à l'environnement, contrecarrant directement les objectifs de croissance verte. Selon les estimations, les aides aux consommateurs de combustibles fossiles, essentiellement dans les pays en développement et les économies émergentes, ont atteint 548 milliards USD en 2013, soit plus de quatre fois le montant consacré aux énergies renouvelables. Dans les pays de l'OCDE, le soutien à la consommation et à la production a oscillé entre 55 et 90 milliards USD entre 2005 et 2011. Les subventions aux combustibles fossiles continuent de faire résolument obstacle à la croissance verte, en maintenant dans leur rôle les technologies polluantes déjà en place, en freinant l'investissement dans des technologies nouvelles plus propres, et en attribuant de fait un prix négatif au carbone.

Dans de nombreux pays de l'OCDE, la structure et le niveau de taxation de l'utilisation énergétique ne sont pas cohérents d'un point de vue environnement. Évalués à l'aune des coûts environnementaux et sociaux, les incohérences de taxation des différents types, utilisations et utilisateurs d'énergie sont difficiles à justifier. Par exemple, le gazole est moins taxé que l'essence, aussi bien en termes de contenu énergétique et de contenu carbone, dans 33 des 34 pays de l'OCDE, alors qu'un litre de gazole émet de plus grandes quantités de polluants atmosphériques locaux dangereux et de dioxyde de carbone. Les pouvoirs publics peuvent donc agir sur de très nombreux fronts pour aligner les politiques en faveur de la croissance verte. Les travaux entrepris depuis 2011 démontre que la politique actuelle du gouvernement ne fournis pas de soutien pour accélérer les investissements d'infrastructure verte ou l'innovation verte, par exemple.

Si les politiques manquent de cohérence environnementale au sein d'un même secteur, le risque d'incohérences entre les différents domaines d'action est encore plus important. Les travaux menés récemment sur l'harmonisation des politiques au service de la transition vers une économie sobre en carbone en apportent la confirmation. Étant donné que presque toutes les activités économiques produisent des émissions de gaz à effet de serre, la politique climatique interagit avec les politiques appliquées dans de nombreux domaines. Il peut en résulter des frictions, des effets imprévus ou des objectifs politiques discordants. Un certain nombre d'incohérences dues au manque d'alignement font actuellement obstacle à la transition. Sont concernés différents domaines d'action transversaux – investissement, fiscalité, innovation et commerce international – mais également les politiques visant certains secteurs occupant une place centrale dans la transition vers une économie sobre en carbone, comme par exemple les systèmes électriques, la mobilité urbaine et l'utilisation des terres rurales.

LES GOUVERNEMENTS DEVRAIENT

- **redoubler d'efforts pour éliminer les subventions aux combustibles fossiles, élément incontournable de l'action pour une croissance verte**
- **vérifier la cohérence des politiques sectorielles du point de vue de la croissance verte, dans chaque secteur et entre les secteurs.**

26

indicateurs de croissance verte exposés dans la Stratégie pour une croissance verte de 2011

6

indicateurs phares élaborés depuis 2011 pour sensibiliser les acteurs, mesurer les progrès, repérer les opportunités et les risques

IL IMPORTE DE COLLECTER SYSTÉMATIQUEMENT LES DONNÉES AFIN D'ÉVALUER ET DE SUIVRE LA TRANSITION VERS UNE CROISSANCE VERTE

Les travaux sur les indicateurs de croissance verte doivent être poursuivis en agissant sur deux fronts : la méthodologie et les déficits de données. Le développement conceptuel des indicateurs de croissance verte progresse, avec notamment la mise au point de six indicateurs phares pour faciliter l'articulation et le suivi des éléments centraux de la croissance verte. Il revient aux pays d'accompagner ce travail en veillant à la disponibilité et à la qualité des données, de sorte que la production et l'utilisation des indicateurs ne pâtissent pas du manque de données adéquates, et de contribuer ainsi au suivi des progrès. Le rôle des agences statistiques nationales est vital, car la mesurabilité reste un problème dans de nombreux pays.

LES GOUVERNEMENTS DEVRAIENT

- intensifier **les efforts pour rendre disponibles des données de qualité dans des domaines prioritaires, comme les systèmes de comptabilité environnementale et économique comparables au plan international (par exemple les comptes d'émissions atmosphériques et de ressources naturelles) et les données sur l'état de l'environnement (par exemple sur la biodiversité et la santé des écosystèmes, ainsi que la qualité de l'air et de l'eau), tout en poursuivant les efforts pour faire progresser les méthodologies des indicateurs**

L'INTÉGRATION TRANSVERSALE SE POURSUIT À UN RYTHME RAPIDE AU SEIN DE L'OCDE, MAIS LES PROGRÈS SONT INÉGAUX :DES ENSEIGNEMENTS UTILES EN DÉCOULENT POUR LES GOUVERNEMENTS ET POUR L'ORGANISATION

Le cadre institutionnel a son importance. L'OCDE a déployé des efforts soutenus et concertés pour instiller la croissance verte dans l'ensemble de son programme de travail, à bon escient ; environ 70 % des examens de suivi des politiques nationales dans les quatre grands domaines considérés *(Études économiques, Examens environnementaux, Examens des politiques de l'investissement et Examens de la politique d'innovation)* contiennent désormais des recommandations relatives à la croissance verte. Derrière ces progrès généraux se cachent toutefois des différences considérables selon les séries de publications et les thématiques traitées. Pour promouvoir la croissance verte, les gouvernements devraient procéder aux aménagements institutionnels nécessaires pour intégrer la prise de décisions économiques et environnementales et assurer la coordination entre les ministères concernés, comme l'a fait l'OCDE pour assurer la cohérence de son programme de travail. Les gouvernements et les autres organisations engagées sur la voie d'une croissance verte pourront donc tirer des enseignements utiles du processus d'intégration transversale mis en place à l'OCDE.

Tirer les leçons des bons résultats obtenus. Environ 82 % des *Études économiques* contiennent des recommandations concernant la croissance verte, contribuant ainsi au taux élevé de recommandations portant sur la croissance verte dans les examens de suivi des politiques nationales, ainsi que les Examens par pays des performances environnementales réalisés par l'OCDE. Plusieurs mécanismes ont permis de progresser à un rythme plutôt rapide. Les principaux ressorts en sont : une impulsion politique au plus haut niveau et des responsabilités clairement définies ; des structures de coordination et de collaboration formalisées; une articulation claire du lien entre la croissance verte et les autres priorités stratégiques (dans un cadre analytique de grande envergure qui

70%

des rapports de suivi des politiques nationales établis par l'OCDE depuis 2011 contiennent des recommandations sur la croissance verte

310

recommandations relatives à la croissance verte spécialement adaptées aux conditions nationales ont été formulées pour près de 60 pays situe la croissance verte aux côtés des autres objectifs majeurs des gouvernements); ; et l'affectation de ressources humaines au processus d'intégration transversale. Des dispositions doivent en outre être prises pour encourager le partage d'information entre les différents domaines d'action politique et promouvoir l'utilisation d'indicateurs mesurables à des fins d'analyse politique.

LES GOUVERNEMENTS DEVRAIENT

- évaluer **et affiner le cadre institutionnel favorisant l'intégration transversale de la croissance verte, en s'inspirant le cas échéant de l'expérience de l'OCDE**
- amorcer **le changement de culture nécessaire (par exemple, une supervision stratégique aux plus hauts niveaux des gouvernements; des mécanismes pour favoriser la coopération entre les ministères concernés; et un rôle de leadership pour les décideurs ainsi que les ministères de l'Environnement) requis pour encourager les ministères chargés de l'économie et les autres ministères compétents à aborder les questions relatives à la croissance verte.**

PROCHAINES ÉTAPES : ENRICHIR LES CONSEILS EN MATIÈRE DE CROISSANCE VERTE

Les conclusions de ce rapport proposent un certain nombre de priorités de travail pour les gouvernements, l'OCDE et les autres institutions pertinentes afin de soutenir les efforts de mise en œuvre des gouvernements. Des travaux prioritaires doivent être entrepris pour améliorer la compréhension des complémentarités et arbitrages à effectuer entre les objectifs économiques et environnementaux; rehausser la confiance du public dans la croissance verte; et faire en sorte que les politiques environnementales soient cohérentes et alignées sur l'ensemble des secteurs. Il est également essentiel de développer et d'utiliser de manière accrue les indicateurs fondamentaux afin de sensibiliser l'opinion, mesurer les progrès et identifier les opportunités et risques, tout comme il est essentiel de travailler sur l'économie des océans et les industries extractives dans le contexte de l'orientation des politiques sectorielles vers la croissance verte. Ces domaines méritent une attention particulière des gouvernements, mais ne doivent pas faire oublier le besoin de prendre en compte la panoplie complète des mesures détaillées dans la Stratégie pour une croissance verte lors de la mise en œuvre des réformes.

LES GOUVERNEMENTS DEVRAIENT

- faire **progresser les priorités de travail identifiées dans ce rapport afin de contribuer à accélérer les efforts de mise en œuvre de la croissance verte**
- soutenir **la Stratégie pour une croissance verte en lien avec les travaux des comités de l'OCDE conformément aux priorités identifiées**

CHAPITRE 1

CADRE FAVORISANT L'ALIGNEMENT DES OBJECTIFS ÉCONOMIQUES ET ENVIRONNEMENTAUX

Ce chapitre présente les grandes lignes de la Stratégie pour une croissance verte de 2011, qui serviront de toile de fond à ce rapport. La Stratégie pour une croissance verte définit un cadre permettant aux gouvernements de stimuler la croissance et le développement économiques, tout en veillant à ce que les actifs naturels continuent de fournir les ressources et les services environnementaux indispensables au bien-être de l'humanité. Les quatre principaux volets de la stratégie sont présentés : ils consistent à aligner les objectifs économiques et environnementaux ; mettre en œuvre les cadres d'action nécessaires pour tarifier la pollution et promouvoir une utilisation efficace des ressources, et aligner les politiques sectorielles sur les objectifs de croissance verte ; prendre en charge les conséquences sociales de la croissance verte ; et instaurer des mécanismes pour évaluer et suivre les progrès réalisés.

La Stratégie pour une croissance verte de 2011 a apporté aux gouvernements une première série d'orientations importantes pour promouvoir la croissance tout en préservant le capital naturel. Ce chapitre passe en revue ses principaux éléments, qui serviront de toile de fond au présent rapport.

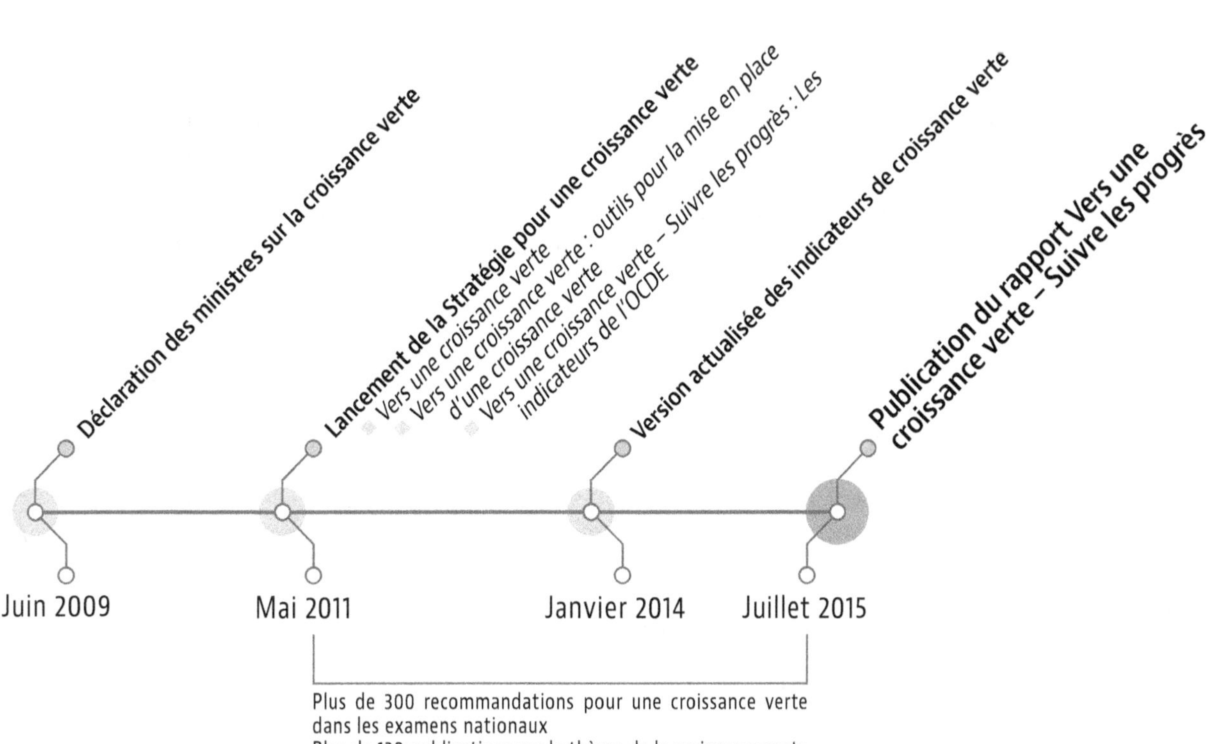

La Stratégie pour une croissance verte de 2011 : allier croissance et souci de l'environnement. En 2009, reconnaissant le risque de retour au « laisser faire » après la crise[1], les ministres des pays de l'OCDE ont convenu d'accentuer les efforts de mise en œuvre des stratégies de croissance verte dans le cadre des réponses apportées à la crise financière. Ils ont invité l'OCDE à élaborer une Stratégie pour une croissance verte afin d'appuyer l'action des pays membres et des économies partenaires de l'OCDE en vue du redressement économique et d'une croissance écologiquement et socialement durable. La Stratégie pour une croissance verte de 2011 répond à ce mandat (OCDE, 2011a, 2011b, 2011c, 2011d). Elle offre aux gouvernements un cadre pour stimuler la croissance et le développement économiques, tout en veillant à ce que les actifs naturels continuent de fournir les ressources et les services environnementaux indispensables au bien-être de l'humanité. La croissance verte a un plan d'action plus étroit que le concept apparenté de développement durable. Elle entend plus précisément faire progresser l'articulation économie-environnement, en favorisant l'innovation, l'investissement et la compétition qui peuvent générer de nouvelles sources de croissance économique compatibles avec des écosystèmes solides et durables (OECD, 2011a).

LA STRATÉGIE POUR UNE CROISSANCE VERTE

Redéfinir la croissance est une nécessité. De nouvelles opportunités économiques sont nécessaires pour améliorer les conditions de vie d'une population mondiale toujours plus nombreuse. Or, la croissance et le développement se trouvent de plus en plus menacés par les impacts négatifs des modèles de croissance traditionnels sur l'environnement physique dont dépend en définitive le bien-être de l'homme.

La raréfaction de l'eau, l'exacerbation des pénuries de ressources, l'aggravation de la pollution, le changement climatique et l'appauvrissement de la biodiversité sont autant de phénomènes qui pourraient compromettre la croissance. Les déséquilibres qui frappent les systèmes naturels risquent d'avoir des effets plus profonds, soudains et extrêmement préjudiciables à l'environnement, que l'expérience passée ne permet pas nécessairement de prévoir. Le changement climatique et l'appauvrissement de la biodiversité en particulier font peser des risques systémiques sur la croissance, le capital physique se trouvant plus particulièrement exposé en raison de l'intensification et de la multiplication des tempêtes, des sécheresses et des inondations, ainsi que pour les services écosystémiques essentiels tels que la purification de l'eau, la protection contre les inondations et la séquestration du carbone. Les circonstances diffèrent selon les pays, mais l'érosion du capital naturel et son remplacement par un capital physique toujours plus coûteux et limité risquent de provoquer des pénuries de ressources qui pourraient compromettre les gains attendus de l'activité économique future et contrarier la croissance.

Le capital naturel : un pilier de la croissance.

La mauvaise gestion et la sous-évaluation des ressources naturelles, notamment des terres et des écosystèmes, peuvent aussi entraîner des coûts humains et économiques considérables. Par exemple, le coût social de la pollution atmosphérique, en termes d'années de vie perdues et de répercussions sur la santé, a été estimé à 1 700 millions USD (dollars des États-Unis) en 2010 dans les seuls pays de l'OCDE (OCDE, 2014), 1 300 millions USD en Chine et à 2 500 millions USD en Inde. Ces coûts ne sont pas pris en compte dans la définition étroite de la croissance économique, notamment du produit intérieur brut (PIB) ; c'est pourquoi il est nécessaire d'utiliser des mesures plus complètes de la prospérité, reconnaissant le rôle du capital naturel dans la croissance économique et le bien-être humain, ainsi que les limites et les coûts des technologies de production et des comportements de consommation actuels.

La croissance verte peut aussi créer des opportunités, par exemple en développant les marchés des technologies, procédés et services verts, en renforçant la confiance des marchés grâce à des politiques environnementales plus claires et en encourageant l'innovation et les gains d'efficacité. Les emplois nouvellement créés, la gestion efficace des ressources naturelles et les gains de productivité pourront aussi générer de nouvelles opportunités économiques (OCDE, 2011a).

La croissance verte en quatre étapes. La Stratégie pour une croissance verte définit un cadre permettant aux gouvernements de promouvoir la croissance économique tout en préservant le capital naturel. Elle propose quatre grandes étapes : aligner les objectifs économiques et environnementaux ; mettre en œuvre les cadres d'action nécessaires pour tarifier la pollution et promouvoir une utilisation efficace des ressources ; prendre en charge les conséquences sociales de la croissance verte ; et instaurer des mécanismes pour évaluer et suivre les progrès (graphique 1.1).

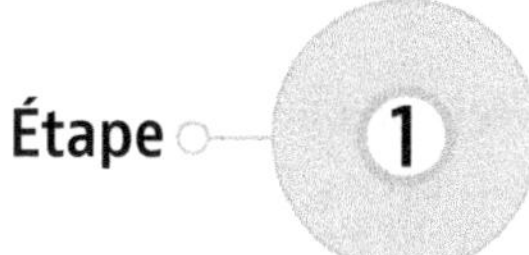

ALIGNER LES OBJECTIFS DE CROISSANCE ET D'ENVIRONNEMENT

Orienter les grands axes de la politique économique pour renforcer la complémentarité entre croissance et conservation du capital naturel.

- Relier les objectifs environnementaux aux politiques de réforme économique.
- Ancrer la croissance verte dans les ministères clés chargés des questions économiques; promouvoir la coordination transversale.
- S'attaquer aux obstacles à l'innovation et l'investissement verts.

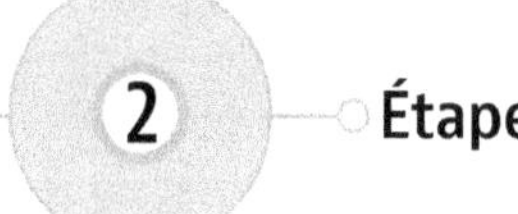

METTRE EN OEUVRE LES CADRES D'ACTION NECESSAIRES À LA CROISSANCE VERTE

Mettre au point un arsenal de mesures pour faire payer la pollution et encourager l'utilisation efficiente des ressources.

- Instruments tarifaires pour agir à grande échelle au moindre coût (permis échangeables, taxes).
- Réglementation prévoyant des incitations à l'appui de la croissance verte (normes d'émissions, économies d'énergie).
- Subventions en faveur des technologies, pratiques et produits verts; réforme des subventions aux combustibles fossiles.
- Information des consommateurs pour influer sur les comportements.

Orienter les politiques sectorielles dans le sens de la croissance verte.

- INVESTISSEMENT ET FINANCE | INNOVATION
- FISCALITÉ | ECHANGES ET INVESTISSEMENT
- DIRECT ÉTRANGER | ÉNERGIE | TRANSPORTS
- AGRICULTURE | EAU | BIODIVERSITÉ ET ÉCOSYSTÈMES
- DÉCHETS | CHANGEMENT CLIMATIQUE
- DÉVELOPPEMENT | VILLES ER RÉGIONS VERTES
- PÊCHE

Étape 3

PRENDRE EN CHARGE LES CONSÉQUENCES SOCIALES DE LA CROISSANCE VERTE

Prendre en charge les effets redistributifs afin de faciliter la réforme et d'encourager une croissance inclusive.

- Politiques du marché du travail et des compétences pour accompagner le redéploiement intersectoriel de la main-d'œuvre.
- Mesures destinées à compenser les impacts sur les ménages à faible revenu.
- Coordination multilatérale pour répondre aux préoccupations de compétitivité des entreprises.

Étape 4

SUIVRE LES PROGRÈS

Élaborer des indicateurs pour suivre les progrès.

- Transition vers une économie bas carbone sobre en ressources.
- Préservation de la base d'actifs naturels.
- Qualité environnementale de la vie.
- Opportunités économiques et efficacité des politiques.

ÉTAPE 1 : Aligner croissance économique et objectifs environnementaux.

Inscrire les problématiques environnementales au cœur de la prise de décisions économiques. Les risques environnementaux peuvent compromettre la croissance et le bien-être ; les politiques économiques qui visent à promouvoir la croissance et améliorer les conditions de vie doivent donc tenir compte de ces risques. Il convient par conséquent d'aligner les objectifs de croissance économique et les objectifs environnementaux dans un ensemble de critères cohérent et d'inscrire la prise de décisions économiques dans une perspective à plus long terme.

Il n'y a pas de prescription universelle, mais tous les pays doivent concilier priorités économiques et environnementales pour parvenir à une croissance verte.

La croissance verte ne renvoie pas à une prescription universelle : elle dépend du cadre d'action et du dispositif institutionnel en place, du niveau de développement, de la dotation en ressources et des points de pression environnementale. Il lui faut néanmoins s'appuyer sur des mesures-cadres pour renforcer conjointement la croissance économique et la préservation du capital naturel. La croissance verte dépend en outre d'une bonne politique économique, car une économie ajustable et dynamique aura pour effet de stimuler la transition. Si elles sont judicieusement conçues et respectées, les dispositions budgétaires et réglementaires fondamentales encadrant la croissance dans des domaines tels que la fiscalité et la concurrence peuvent permettre d'optimiser l'allocation des ressources. Elles peuvent aussi découpler l'activité économique de l'érosion du capital naturel et engendrer de nouvelles sources de croissance plus respectueuses de l'environnement. La difficulté consiste à réunir les paramètres économiques essentiels dans un cadre logique et cohérent à long terme, qui tienne pleinement compte de la valeur du capital naturel comme critère de croissance et favorise la recherche d'options économes et efficaces pour alléger les pressions environnementales et éviter de franchir les seuils critiques.

En premier lieu, les gouvernements nationaux doivent établir leurs priorités environnementales en évaluant les conditions et les risques environnementaux à long terme, ainsi que les options et domaines d'intervention présentant le meilleur rapport coût-efficacité (par exemple, gérer la rareté de l'eau et favoriser l'innovation environnementale) en se basant sur des analyses coûts-bénéfices robustes. Dans un second temps, ils doivent associer objectifs environnementaux et priorités de la réforme économique. Les stratégies de croissance verte devront cibler les domaines d'interaction manifestement bénéfique entre les politiques environnementale et économique. Elles doivent étudier les relations entre les priorités de la réforme économique et les principales contraintes pesant sur la croissance verte, en s'attachant par exemple à améliorer les infrastructures ou la qualité des politiques d'innovation.

Les ministères des Finances et de l'Économie et les ministères de l'Environnement auront un rôle important à jouer pour intégrer les objectifs de croissance verte dans les politiques économiques et la planification du développement au sens large. La plupart des pays auront besoin de nouveaux dispositifs de gouvernance pour harmoniser les politiques économiques et environnementales et lutter contre l'inertie institutionnelle. Il conviendra, pour inscrire la croissance verte au cœur des processus décisionnels, d'exercer un leadership aux plus hauts niveaux de responsabilité, de stimuler la coopération entre les ministères concernés et les différents niveaux d'administration, de renforcer les capacités, et d'intégrer les aspects environnementaux dans les plans nationaux de développement et de lutte contre la pauvreté.

Les stratégies de croissance verte doivent systématiquement diagnostiquer et traiter les contraintes ou distorsions économiques limitant le rendement de l'innovation et des investissements verts afin d'éviter qu'elles freinent la réforme. Il pourrait ainsi être nécessaire de réformer la réglementation des marchés des produits pour renforcer la concurrence dans les industries de réseau qui ont un impact environnemental important (secteur de l'électricité, par exemple) ou qui contrôlent des services environnementaux stratégiques (secteur de l'eau, par exemple). L'élimination des contraintes institutionnelles et réglementaires qui protègent les entreprises en place et imposent des conditions sévères aux nouveaux arrivants peut contribuer à générer de nouvelles activités économiques plus respectueuses de l'environnement.

ÉTAPE 2 : Mettre en œuvre les cadres nécessaires à la croissance verte

Élaborer des politiques qui attribuent un prix à la pollution et comportent des mesures incitatives pour encourager l'utilisation efficace des ressources. Différents moyens d'action peuvent être appliqués à cette fin.

- **Les instruments** tarifaires : les instruments tarifaires, tels que les systèmes de permis négociables et les taxes, permettent d'agir à grande échelle pour réduire les dommages environnementaux au moindre coût et doivent occuper une place centrale dans les politiques de croissance verte (OCDE, 2013a). Ils stimulent les gains d'efficacité, l'innovation et l'investissement verts. Point important, un recours plus fréquent ou plus rationnel aux taxes environnementales peut aussi favoriser la réforme au profit de la croissance (en déplaçant la charge fiscale de façon à abandonner les taxes distorsives, comme l'impôt sur le revenu ou sur les sociétés) et contribuer à l'assainissement des finances publiques (en réduisant les déficits publics et le gonflement de la dette publique).

Au-delà des moyens d'action de base, la politique sectorielle doit être axée sur la croissance verte.

- **La réglementation :** dans certains cas, elle peut se révéler plus adaptée que les instruments tarifaires (auxquels elle peut aussi apporter un complément important). La réglementation donne la possibilité d'encourager la croissance verte au moyen d'outils tels que les normes d'émissions ou des mesures visant une meilleure utilisation des ressources (normes d'efficacité énergétique, par exemple). Selon leur conception, les instruments réglementaires peuvent s'avérer moins efficaces que les instruments tarifaires directs, mais peuvent être utiles pour faire progresser la réforme dans des pays où la population est fortement opposée à une réforme tarifaire et dans les domaines peu réactifs aux signaux-prix.

- **Les subventions :** les responsables publics recourent couramment aux subventions pour promouvoir des technologies nouvelles encore immatures et rééquilibrer les incitations en faveur de produits et pratiques plus favorables à l'environnement. La recherche d'une croissance verte passe aussi par l'élimination des subventions accordées à certaines formes d'exploitation des ressources préjudiciables à l'environnement. Les aides à la production et à la consommation de combustibles fossiles en sont un exemple éloquent. En 2013, à la consommation de combustibles fossiles, principalement dans les économies en développement et émergentes, ont représenté un total de 548 milliards USD, soit plus de quatre fois le montant consacré aux énergies renouvelables (Agence internationale de l'énergie [AIE], 2013). Dans les pays de l'OCDE, le soutien à la consommation et à la production de combustibles fossiles a oscillé entre 55 et 90 milliards USD entre 2005 et 2011 (OECD, 2013b). Les aides aux combustibles fossiles ne sont qu'un exemple parmi d'autres de subventions écologiquement dommageables : de nombreux autres domaines (notamment l'agriculture) méritent d'être pris en considération.

- **Guider le comportement des consommateurs** : l'information peut rendre les consommateurs et les entreprises plus réactifs aux signaux-prix en soulignant les conséquences environnementales négatives de certaines activités, les économies réalisables à plus long terme grâce aux produits plus verts et l'existence d'alternatives plus propres.

Aligner les politiques sectorielles sur les objectifs de croissance verte. Des mesures réglementaires seront nécessaires pour orienter les politiques sectorielles et thématiques actuelles dans le sens de la croissance verte et éliminer les principaux obstacles ou distorsions. Faute d'harmonisation suffisante, les politiques sectorielles (tout comme les paramètres fondamentaux de la croissance) risquent de créer des obstacles indésirables à la réforme (encadré 1.1).

ENCADRÉ 1.1. : HARMONISER LES POLITIQUES AU SERVICE DE LA TRANSITION VERS UNE ÉCONOMIE SOBRE EN CARBONE

Le Conseil de l'OCDE, à sa réunion ministérielle (RCM) de 2014, a invité l'Organisation à examiner les moyens de mieux harmoniser les politiques menées dans différents domaines afin d'opérer une transition réussie vers une économie durable, sobre en carbone et résiliente face au changement climatique, et à présenter un rapport à la RCM de 2015. Si les mesures de réduction des émissions sont essentielles, les politiques climatiques recouvrent nécessairement de nombreux autres domaines : les moyens d'action et les signaux économiques requis transcendent les cadres d'action existants, croisent d'autres objectifs et interagissent avec les instruments qui leur sont associés. Cette situation peut donner lieu à des frictions et des effets indésirables ou générer des mesures contradictoires.

Le projet « Harmoniser les politiques au service de la transition vers une économie sobre en carbone » met en évidence les défauts d'alignement qui nuisent à l'efficacité des politiques bas carbone et donne des orientations sur la façon d'y remédier. Il cherche à élargir l'examen des politiques climatiques pour y associer les ministres et administrations qui ne sont généralement pas amenés à y participer, en reconnaissant le rôle important qu'ils puissent jouer dans les efforts de réduction des émissions au moindre coût.

ÉTAPE 3 : Prendre en charge les conséquences sociales de la croissance verte

Les impacts potentiels sur le marché du travail, les ménages et les entreprises doivent tous être considérés dans le cadre de la réforme.

Des mesures d'accompagnement peuvent permettre de limiter le plus possible les conséquences négatives à court terme sur le marché du travail de la transition vers une croissance verte. Il est peu probable que la croissance verte procure des gains exceptionnels en termes d'emploi ou provoque des redéploiements massifs, même si elle génère de nouveaux emplois dans les secteurs porteurs comme celui des énergies renouvelables. La croissance verte gagnant du terrain, les industries plus polluantes devront modifier radicalement leurs choix technologiques ou éliminer des emplois. Pour ce qui est de la main-d'œuvre, un nombre croissant de personnes devra acquérir de nouvelles compétences pour répondre aux critères des emplois verts, qu'ils soient nouvellement créés ou seulement réaménagés. Les politiques du marché du travail et de développement des compétences ont un rôle crucial à jouer pour limiter les blocages dus aux déficits de compétences, prévenir la hausse du chômage structurel et accompagner la transition de la main-d'œuvre des secteurs en perte de vitesse vers les secteurs de croissance. Ces changements pourraient avoir des effets importants sur les revenus de certains, aussi conviendra-t-il de veiller à la répartition équitable des gains et des pertes.

Tenir compte des effets régressifs de la réforme. Certaines mesures visant promouvoir la croissance verte pourraient avoir des répercussions disproportionnées sur les ménages pauvres. Il pourra s'avérer nécessaire de mettre en place, ne serait-ce qu'à titre transitoire, des programmes de compensation ciblée qui iraient plus loin que les programmes de compensation inhérents à tout bon dispositif fiscal et social. Ces mesures compensatoires ciblées revêtiront une importance particulière sur les marchés émergents et en développement, où les filets de protection sociale sont moins développés et où certains groupes de population risquent de subir plus particulièrement les coûts de la transition vers une croissance verte.

Étudier les préoccupations du monde des affaires concernant les effets potentiels sur la compétitivité. Les entreprises peuvent faire valoir que la croissance verte fait augmenter leurs coûts au détriment de leur compétitivité (notamment par rapport aux concurrents étrangers qui opèrent dans des cadres environnementaux moins contraignants) ou des retours sur investissement. Pour évaluer l'ampleur des pertes subies – qui sont généralement associées aux mesures d'atténuation climatique – il importe de comprendre comment l'ensemble de l'économie parviendra à s'adapter à la nouvelle réglementation environnementale. Certains mécanismes, notamment de coordination multilatérale des politiques, pourraient être nécessaires pour remédier aux effets des « paradis de pollueurs », qui font que les marchés étrangers récupèrent la production perdue par les entreprises locales.[2]

TRANSITION VERS UNE ÉCONOMIE BAS CARBONE SOBRE EN RESSOURCES

Les ressources et services environnementaux sont-ils utilisés de façon efficiente?

Productivité carbone

Productivité énergie
- Productivité énergétique PIB par unité d'ATEP
- Intensité énergétique par secteur
- Part des énergies renouvelables

Productivité des ressources
- Productivité matérielle basée sur la demande
- Intensité de production des déchets / taux de valorisation
- Flux et bilans d'éléments nutritifs

Productivité hydrique

Productivité (multifactorielle) de l'ensemble de l'économie, comprenant les services environnementaux

BASE D'ACTIFS NATURELS

Les ressources environnementales et économiques sont-elles préservées, pour accompagner la croissance de demain?

Indice des ressources naturelles

Eau douce

Forêts

Ressources halieutiques

Ressources minérales

Terres

Sols

Espèces sauvages

QUALITÉ ENVIRONNEMENTALE DE LA VIE

En quoi l'état de l'environnement influe-t-il sur les conditions de vie? De quel type d'accès aux aménités et services environnementaux le public dispose-t-il?

Problèmes sanitaires induits par l'environnement et coûts associés

Exposition aux risques naturels ou industriels et pertes économiques connexes

Accès au traitement des eaux usées et à l'eau potable
- Population raccordée à une station d'épuration
- Population ayant accès de façon durable à un approvisionnement en eau potable

OPPORTUNITÉS ÉCONOMIQUES ET EFFICACITÉ DES POLITIQUES

La politique actuelle de croissance verte est-elle efficace? Les opportunités économiques associées à la transition sont-elles mises à profit?

Dépense de R-D intéressant la croissance verte

Brevets intéressant la croissance verte

Innovation environnementale dans tous les secteurs

Production de biens et services environnementaux

Flux financiers internationaux intéressant la croissance verte

Fiscalité environnementale

Prix de l'énergie

Tarification de l'eau et recouvrement des coûts

Réglementation et méthodes de gestion

Formation et développement des compétences

ÉTAPE 4 : Mettre en œuvre des mécanismes pour évaluer et suivre les progrès réalisés sur la voie de la croissance verte

La Stratégie pour une croissance verte propose 26 indicateurs pour suivre les progrès – notamment au niveau international, dans quatre domaines (graphique 1.2). Le premier renvoie à la transition vers une économie bas-carbone, sobre en ressources – quelle est la productivité des actifs environnementaux et des ressources naturelles ? Le deuxième renvoie à la base d'actifs naturels –l'érosion du stock d'actifs naturels représente- un risque pour la croissance. Le troisième, à la qualité environnementale de la vie – quels sont les effets directs de l'environnement sur le bien-être ? Le quatrième, aux opportunités économiques et à l'efficacité des politiques– dans quelle mesure les politiques produisent-elles une croissance verte et les opportunités économiques qui en découlent ? Ces indicateurs tentent de mieux cerner l'efficacité des politiques pour donner corps à la croissance verte. Les indicateurs reflétant les caractéristiques socio-économiques de la croissance (par exemple, la croissance, la productivité et la compétitivité économiques, et les marchés de l'emploi, l'éducation et les revenus) peuvent donner une image d'ensemble, en permettant de suivre les effets des politiques de croissance verte sur la croissance et en faisant le lien avec les objectifs sociaux, tels que la réduction de la pauvreté, l'équité sociale et l'inclusion.[3]

La proposition de 2011 visant la poursuite des travaux sur la croissance verte. Le dispositif de la Stratégie pour une croissance verte a planifié un programme de travail à plus longue échéance pour appuyer les efforts de mise en œuvre des pays autour de trois grands axes. Le premier consiste à intégrer systématiquement les analyses de la croissance verte dans le travail de suivi des politiques nationales de l'OCDE, de façon à adapter les conseils au niveau national et apporter aux pays des orientations ciblées pour aller de l'avant. Le second vise à poursuivre les travaux sur les indicateurs de croissance verte pour tenter d'apparier le cadre proposé pour les indicateurs de l'OCDE et les données comparables disponibles au plan international et renforcer le suivi de la transition au niveau des pays. Le dernier concerne la réalisation d'études sectorielles et thématiques afin d'obtenir des indications plus concrètes sur la façon de promouvoir la croissance verte dans les secteurs pertinents, notamment l'agriculture, l'énergie, l'eau, la biodiversité et la coopération pour le développement. La proposition insistait par ailleurs sur la nécessité d'analyser plus avant les coûts et les avantages des différents moyens d'action et d'étudier la possibilité de mettre au point un outil d'analyse transnational pour mettre en évidence les domaines d'action prioritaires dans chaque pays. L'analyse qui figure dans ce rapport s'appuie sur le travail effectué dans ces domaines depuis 2011. Strategy package mapped a longer-term work agenda to support country implementation across three main areas. First, it proposed mainstreaming green growth analysis into OECD country surveillance exercises, thereby tailoring advice to the national level and providing targeted guidance for progress. Second, it proposed undertaking further work on green growth indicators to meet the challenge of matching the proposed OECD indicator framework with available internationally comparable data and improve the ability to track the transition at the country level. Finally, it proposed carrying out sectoral and issue-specific studies to provide more concrete insights into greening growth across relevant areas, including agriculture, energy, water, biodiversity and development co-operation. The proposal also flagged the need for further analysis on the costs and benefits of various policy instruments, as well as the possibility of developing a cross-country analytical tool to identify country-specific policy priorities. The analysis in this report is informed by work undertaken across these areas since 2011.

REFERENCES BIBLIOGRAPHIQUES

AIE (2013), *World Energy Outlook* 2013, AIE, Paris, http://dx.doi.org/10.1787/weo-2013-en.

OCDE (2014), *Le coût de la pollution de l'air: Impacts sanitaires du transport routier*, Éditions OCDE, Paris, http://dx.doi.org/10.1787/9789264220522-fr.

OCDE (2013a), *Prix effectifs du carbone,* Éditions OCDE, Paris, http://dx.doi.org/10.1787/9789264197138-fr.

OCDE (2013b), *Inventory of Estimated Budgetary Support and Tax Expenditures for Fossil Fuels 2013,* Éditions OCDE, Paris, http://dx.doi.org/10.1787/9789264187610-en.

OCDE (2011a), *Vers une croissance verte*, Études de l'OCDE sur la croissance verte, Éditions l'OCDE, Paris, http://dx.doi.org/10.1787/9789264111332-fr.

OCDE (2011b), *Vers une croissance verte : Résumé à l'intention des décideurs*, Éditions OCDE, Paris, http://www.oecd.org/fr/croissanceverte/48537006.pdf.

OCDE (2011c), Outils pour la mise en place d'une croissance verte, Éditions OCDE, Paris, http://www.oecd.org/fr/croissanceverte/48033481.pdf.

OCDE (2011d), Vers une croissance verte : Suivre les progrès : *Les indicateurs de l'OCDE*, Études de l'OCDE sur la croissance verte, Éditions OCDE, Paris, http://dx.doi.org/10.1787/9789264111370-fr.

1 Déclaration sur la croissance verte, adoptée à la Réunion du Conseil au niveau des ministres le 25 juin 2009, http://www.oecd.org/officialdocuments/publicdisplaydocumentpdf/?doclanguage=fr&cote=C/MIN(2009)5/ADD1/FINAL.

2 Les travaux récents donnent à penser que les conséquences de la réforme environnementales pour la compétitivité sont largement surestimées par l'industrie : voir le chapitre 4.

3 La panoplie d'indicateurs de croissance verte de l'OCDE est refletée dans le travail commun effectué par l'OCDE, le Global Green Growth Institute, le Programme des Nations Unies pour l'environnement et la Banque mondiale dans le cadre de la Plate-forme de connaissances sur la croissance verte comportant des mesures et indicateurs de croissance verte (voir « *Moving Towards a Common Approach on Green Growth Indicators* », www.greengrowthknowledge.org/resource/moving-towards-common-approach-green-growth-indicators).

CHAPITRE 2

EFFORTS DÉPLOYÉS PAR LES PAYS POUR METTRE EN ŒUVRE LA **CROISSANCE VERTE**

Ce chapitre propose une première évaluation des principaux défis liés à la mise en œuvre des cadres d'action pour une croissance verte au niveau national. Ces défis sont dérivés des recommandations relatives à la croissance verte contenues dans les travaux de suivi des politiques nationales menés par l'OCDE depuis la publication de la Stratégie pour une croissance verte de 2011 (*Études économiques, Examens environnementaux, Examens des politiques de l'investissement et Examens de la politique d'innovation*). Les principaux défis concernent la mise en œuvre d'instruments de marché visant la tarification de la pollution et l'utilisation des ressources naturelles ; l'orientation des systèmes de taxation pour favoriser la croissance verte ; la conception de subventions respectueuses de l'environnement ; et la réorientation des politiques sectorielles dans le sens de la croissance verte. La liste des défis n'est pas exhaustive, mais fournit aux pouvoirs publics des indications utiles sur les moyens d'accélérer et d'améliorer la mise en œuvre des politiques de croissance verte, et permet de formuler un certain nombre d'observations plus générales, fondées sur l'expérience acquise par les pays à ce jour.

Les pays prennent des mesures pour mettre en œuvre les cadres d'action à l'appui de la croissance verte, mais un effort supplémentaire de concertation est indispensable pour aligner véritablement les priorités économiques et environnementales. Les enseignements dégagés des défis communs peuvent aider les gouvernements à accélérer le rythme des progrès.

Quatre ans après le lancement de la Stratégie pour une croissance verte, les gouvernements ont pris des mesures pour avancer sur la voie de la croissance verte. La plupart des pays ont mis en œuvre des mesures pour commencer à tarifier la pollution et créer des mesures incitatives pour favoriser une utilisation plus efficace des ressources: instruments tarifaires, mesures réglementaires et subventions[1]. Un tiers environ des pays de l'OCDE et un certain nombre d'économies partenaires de l'OCDE ont adapté, ou sont en train d'adapter, le cadre des indicateurs de la Stratégie afin de mieux évaluer et impulser la réalisation des objectifs nationaux liés à la croissance verte (OCDE, 2014a).

L'examen des défis communs qui doivent être relevés pour mettre en place une croissance verte fait apparaître de nombreuses possibilités de réforme.

Des efforts beaucoup plus concertés sont requis pour aligner correctement les priorités économiques et environnementales. Pour impulser la croissance verte, les gouvernements doivent intégrer les enjeux environnementaux au cœur de la conception des politiques économiques, en associant priorités environnementales et priorités économiques dans un ensemble cohérents d'objectifs. Les ministères des Finances et l'Économie ont un rôle important à jouer. Un certain nombre de pays ont pris des mesures pertinentes, notamment en élaborant des stratégies de croissance verte et en créant des comités interministériels pour coordonner les éléments de la politique de croissance verte. Il y a de nombreux exemples, tels les politiques de la croissance verte aux États-Unis qui soulignent les avantages stratégiques de leadership technologique, ou bien le 12ème plan quinquennal chinois qui porte sur le développement vert. L'engagement du Portugal sur la croissance verte énonce 13 objectifs quantitatifs à atteindre d'ici à 2020 et 2030. Le cadre de développement durable de l'Irlande met l'accent sur la transition vers une efficacité de ressources à faible émission de carbone et une résilience de climat dans le futur. L'initiative du Premier ministre nordique a comme objectif l'amélioration de l'infrastructure régionale de la croissance verte et l'augmentation de la taille du marché. Cependant, aucun pays n'a associé l'ensemble des priorités de réforme environnementales et économiques. La mesurabilité reste un enjeu important, car de nombreux pays manquent de données sur des périodes assez longues pour permettre d'évaluer efficacement leurs politiques.

Tirer des enseignements des expériences communes. Depuis 2011, la Stratégie pour la croissance verte de l'OCDE a été adaptée par chaque pays en fonction de ses spécificités. À partir du travail de suivi des pays réalisé par l'OCDE, il est possible de faire un premier tour d'horizon des obstacles les plus courants rencontrés au niveau national dans la mise en œuvre les cadres d'action pour la croissance verte. Ce chapitre passe en revue les huit principaux défis cités dans les recommandations concernant la croissance verte contenues dans les *Études économiques de l'OCDE, Examens environnementaux, les Examens des politiques de l'investissement et les Examens des politiques de l'innovation* (Graphique 2.1)[2]. Les défis sont les suivants : utiliser des instruments reposant sur la dynamique du marché pour fixer un prix pour la pollution et pour l'utilisation des ressources naturelles ; orienter les systèmes fiscaux pour faire avancer la croissance verte ; concevoir des subventions visant des objectifs environnementaux ; et orienter les politiques sectorielles vers la croissance verte.

Ce chapitre n'a pas vocation à traiter tous les problèmes de manière exhaustive ; il s'agit plutôt de montrer les domaines dans lesquels on peut envisager des politiques de croissance verte beaucoup plus ambitieuses et plus efficaces dans les différents pays. La conception et l'intégration des politiques de croissance verte sont en cours, l'éventail des questions à traiter est extrêmement large, et les problèmes rencontrés diffèrent d'un pays à l'autre (tableau 2.1). Les huit défis les plus courants traités dans ce chapitre ne s'appliquent pas nécessairement à tous les pays. Ils permettent néanmoins d'identifier les principales possibilités d'accélérer le mouvement et rendre plus efficace la mise en œuvre des politiques de croissance verte dans les différents pays. Selon les pays, d'autres défis restent pertinents.

GRAPHIQUE 2.1 – LES HUIT PRINCIPAUX DÉFIS DE LA CROISSANCE VERTE ABORDÉS PAR L'OCDE DANS SON SUIVI DES PAYS

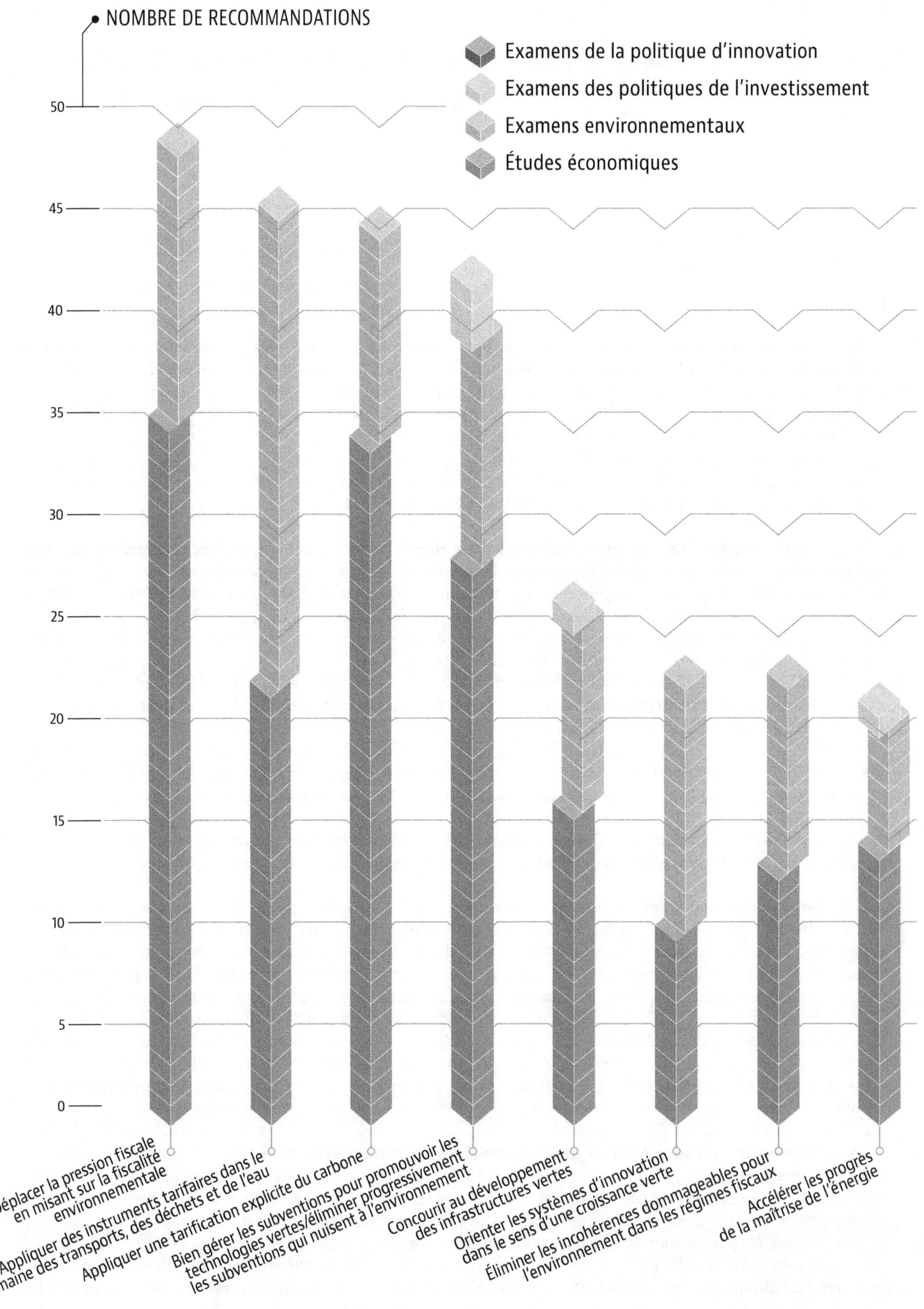

TABLEAU 2.1 – DÉFIS PROPRES À CHAQUE PAYS DANS LA MISE EN ŒUVRE DES POLITIQUES DE CROISSANCE VERTE

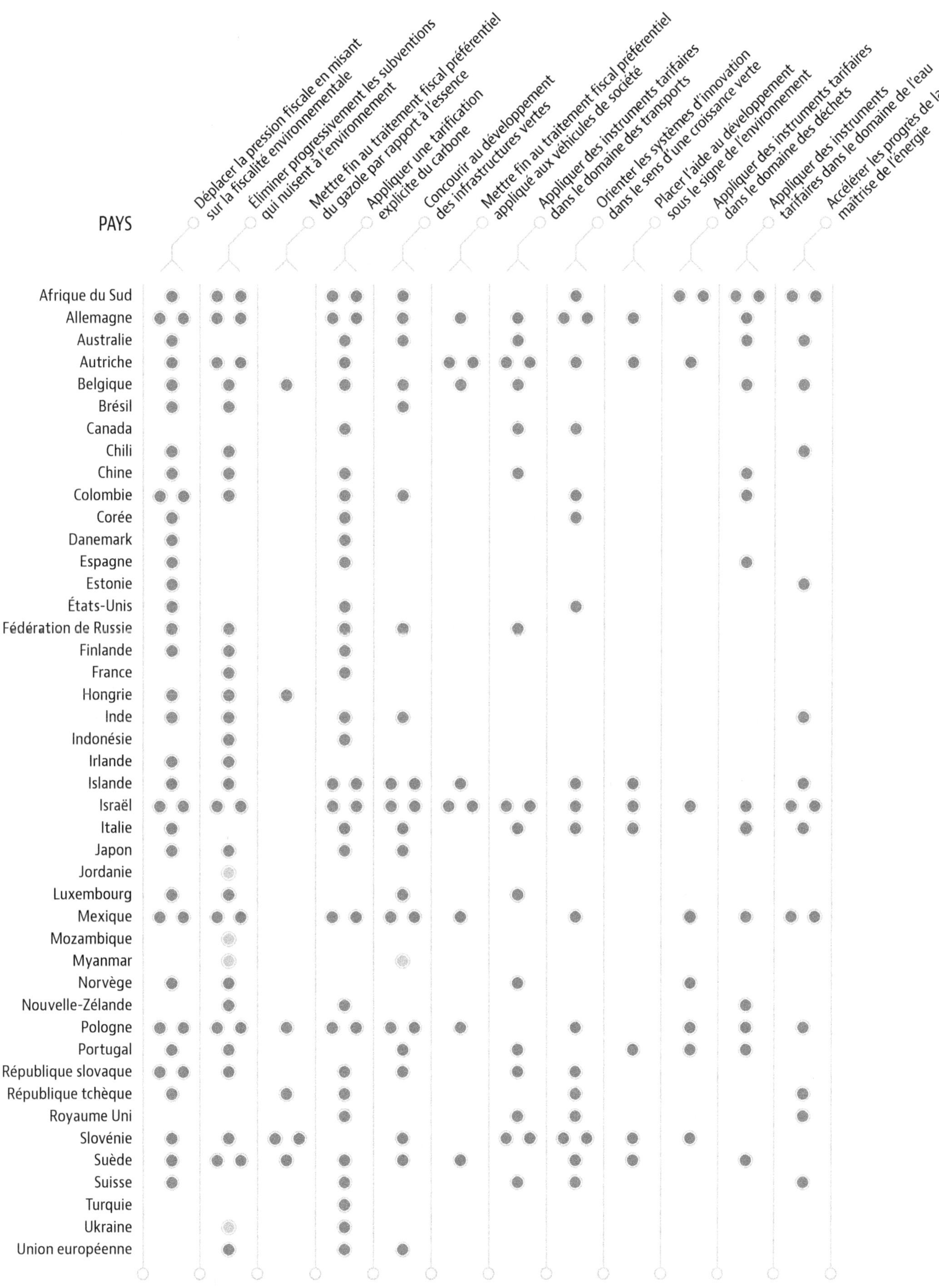

PAYS	Déplacer la pression fiscale en misant sur la fiscalité environnementale	Éliminer progressivement les subventions qui nuisent à l'environnement	Mettre fin au traitement fiscal préférentiel du gazole par rapport à l'essence	Appliquer une tarification explicite du carbone	Concourir au développement des infrastructures vertes	Mettre fin au traitement fiscal préférentiel appliqué aux véhicules de société	Appliquer des instruments tarifaires dans le domaine des transports	Orienter les systèmes d'innovation dans le sens d'une croissance verte	Placer l'aide au développement sous le signe de l'environnement	Appliquer des instruments tarifaires dans le domaine des déchets	Appliquer des instruments tarifaires dans le domaine de l'eau	Accélérer les progrès de la maîtrise de l'énergie
Afrique du Sud	●	●●		●●	●			●		●●	●●	●●
Allemagne	●●	●●		●●	●	●	●	●●	●		●	
Australie	●			●	●		●				●	●
Autriche	●	●●		●		●●	●●	●	●	●		
Belgique	●	●	●	●	●	●	●				●	●
Brésil	●	●			●							
Canada				●			●	●				
Chili	●	●										●
Chine	●	●		●			●				●	
Colombie	●●	●		●	●			●			●	
Corée	●			●				●				
Danemark	●			●								
Espagne	●			●							●	
Estonie	●											●
États-Unis	●			●				●				
Fédération de Russie	●	●		●	●		●					
Finlande	●	●		●								
France		●		●								
Hongrie	●	●	●									
Inde	●	●		●	●							●
Indonésie		●		●								
Irlande	●	●										
Islande	●	●		●●	●●	●		●	●			●
Israël	●●	●●		●●	●●	●●	●●	●	●	●	●	●●
Italie	●			●	●		●	●	●		●	●
Japon	●	●		●	●							
Jordanie		●										
Luxembourg	●	●			●		●					
Mexique	●●	●●		●●	●●	●		●		●	●	●●
Mozambique		●										
Myanmar		●			●							
Norvège	●	●					●			●		
Nouvelle-Zélande		●		●							●	
Pologne	●●	●●	●	●●	●●	●		●		●	●	●
Portugal	●	●			●		●		●	●	●	
République slovaque	●●	●		●	●		●	●				
République tchèque	●		●	●				●				●
Royaume Uni				●			●	●				●
Slovénie	●	●	●●		●		●●	●●	●	●		
Suède	●	●●	●	●	●	●		●	●		●	
Suisse	●			●			●	●				●
Turquie				●								
Ukraine		●		●								
Union européenne		●		●	●							

● Examens de la politique d'innovation ● Examens des politiques de l'investissement ● Examens environnementaux ● Etudes économiques

Défi n° 1 : Établir une tarification explicite des émissions de gaz à effet de serre au moyen de la fiscalité ou de permis d'émission négociables

Attribuer un prix explicite aux émissions. Pour évoluer vers une économie verte, les gouvernements doivent diffuser un signal-prix cohérent qui laisse entendre aux marchés que le coût des émissions de dioxyde de carbone (CO_2) et d'autres gaz à effet de serre va augmenter progressivement, faute de quoi les entreprises ne verront guère d'intérêt à se détourner des énergies fossiles. De manière générale, la manière la moins coûteuse de fournir de fortes motivations économiques à réduire les émissions de CO_2 est de créer des mécanismes de tarification qui déterminent de manière explicite le prix de chaque tonne de gaz rejetée (OCDE, 2013a). Ces mécanismes réduisent au minimum les coûts de réalisation des objectifs d'atténuation en suscitant des actions à grande échelle, tout en incitant à l'innovation et à l'investissement en technologies bas-carbone ; ils peuvent aussi servir de source précieuse de recettes publiques, et permettre ainsi de réduire d'autres taxes plus distorsives. Il existe deux mécanismes explicites de tarification des émissions. Le premier est le système de permis négociables, qui établit un plafond sur le niveau total d'émissions de gaz à effets de serre et permet la mise aux enchères ou l'attribution des permis. Les entités responsables peuvent alors rejeter du CO_2 en échange de leurs droits d'émission ou revendre les droits inutilisés. Le deuxième mécanisme est l'impôt direct sur le carbone, qui établit un prix à la tonne directement lié aux niveaux d'émissions.

La tarification du carbone offre un moyen efficace et économe de réduire les émissions, mais nécessite de surmonter des obstacles politiques.

La tarification du carbone se développe dans les pays développés, émergents et en développement, mais la marge de progression demeure considérable. Environ 40 instances nationales et 20 instances infranationales ont attribué – ou envisagent d'attribuer – un prix explicite au CO_2 recouvrant environ 6 gigatonnes d'équivalent carbone, ou recouvrant environ 12 % des rejets annuels de gaz à effet de serre à l'échelle mondiale (Banque mondiale, 2014). Dans certains pays, la proportion d'émissions est plus élevée. Même si ces mesures ont leur importance et constituent des pas concrets dans la bonne direction, les prix établis jusqu'à présent ont généralement été bas et insuffisants pour stimuler les progrès technologiques ou infléchir de manière conséquente les comportements des consommateurs. La Chine et les États-Unis, qui affichent les niveaux d'émission les plus élevés du monde, possèdent des systèmes opérant à l'échelle infranationale. Dans une déclaration commune en date du 12 novembre 2014, les deux pays ont annoncé qu'ils entendaient renforcer leur coopération bilatérale et multilatérale sur le changement climatique afin de parvenir à un accord ambitieux lors de la Conférence des parties de la Convention-cadre des Nations Unies sur les changements climatiques de 2015 (COP21). Les deux pays ont pris des engagements individuels : la Chine a déclaré que ses émissions de CO_2 n'augmenteraient plus à partir de 2030 et qu'elle porterait la part des combustibles non fossiles dans sa consommation d'énergie primaire à environ 20 % d'ici 2030, et les États-Unis se sont engagés à ramener leurs émissions de 26 à 28 % au-dessous au niveau de 2005 à l'horizon 2025[3]. Si ces engagements pouvaient intégrer la tarification du carbone, la couverture des émissions mondiales de gaz à effets de serre serait notablement meilleure.

La tarification du carbone est un instrument d'action indispensable, mais son impopularité sur le plan politique constitue un obstacle majeur. Des études de cas relatives à des initiatives prises en Irlande (Convery, Dunne et Joyce, 2013) et dans la province canadienne de Colombie-Britannique (Harrison, 2013) démontrent que les mécanismes de tarification peuvent réussir si plusieurs conditions – capacité politique, consultation, progressivité de mise en œuvre et transparence d'analyse – sont réunies. Dans le cas de la taxe carbone, la redistribution des recettes fiscales aux consommateurs – par exemple en réduisant l'impôt sur le revenu ou sur les sociétés, ou en revalorisant les budgets sociaux – peut contribuer à dissiper les résistances à sa mise en œuvre. La tarification des émissions de carbone reste toutefois difficile à mettre en œuvre politiquement parlant et peine à s'imposer dans un grand nombre de pays. L'Australie, par exemple, a abrogé sa loi de tarification du carbone en 2014 et pourrait rester sans aucun mécanisme solide de maîtrise des émissions de gaz à effet de serre indéfiniment (OCDE, 2014b). Une fois les mécanismes mis en œuvre, les gouvernements peuvent aussi avoir des difficultés politiques à faire en sorte que les mécanismes de tarification entraînent une réduction suffisamment importante des émissions (par exemple en augmentant le prix du carbone ou en diminuant drastiquement l'attribution de droits d'émission dans les systèmes de permis négociables). Ceci est particulièrement vrai parce que de nombreux pays n'ont pas encore mis en œuvre des mesures de tarification, un état de fait qui tend à exacerber l'opposition des industriels inquiets des impacts possibles sur la compétitivité.

La prise en compte des implications sociales de la tarification du carbone est importante pour réaliser la réforme. Pour que la réforme soit mieux acceptée et plus équitable, il faut se pencher davantage sur les conséquences sociales qu'elle pourrait avoir. Tout impact régressif doit s'accompagner de mesures compensatoires sur lesquelles il faut communiquer clairement en direction des ménages et des entreprises concernées, en leur expliquant les motifs du changement. Paradoxalement, malgré l'importance de la tarification du carbone comme instrument de réforme et les difficultés politiques associés à la réforme, les décideurs ne semblent pas s'intéresser suffisamment à son impact sur les plus démunis. Ainsi, bien que la tarification du carbone soit la troisième recommandation la plus citée par l'OCDE en matière de croissance verte dans ses examens nationaux, puisqu'elle apparaît dans 44 des 115 rapports examinés depuis 2011 (graphique 2.1), ses impacts distributifs potentiels font partie des questions les moins abordées (chapitre 4) ; seules 12 études étudient les impacts des réformes sur les ménages et 19 études mentionnent leurs impacts sur le marché du travail. Pourtant, nous savons que dans les conséquences distributives de la taxe carbone dans des pays comme la France expliquent en grande partie leurimpopularité ou du retard dans leur mise en œuvre. Une évaluation ex post des impacts sur la compétitivité des mesures environnementales est un des outils permettant d'évaluer les possibles effets négatifs de la tarification du carbone sur la production des entreprises ou l'emploi, mais cet outil est à l'heure présente sous-utilisé (Arlinghaus, 2015).

Défi n° 2 : Utiliser des instruments de tarification pour faire évoluer les comportements dans les secteurs de l'eau, des déchets et des transports

Les mécanismes de tarification peuvent bien-sûr être utilisés pour faire payer les émissions de carbone, mais aussi pour influencer le comportement des consommateurs, des producteurs et des investisseurs afin de faire réduire les coûts de la pollution et autres coûts externes, lutter contre l'inefficacité et rendre compte de la rareté des ressources.

Les instruments de tarification appliqués aux secteurs de l'eau, des déchets et des transports sont évoqués dans 45 études : ce sont les deuxièmes éléments les plus cités en matière de croissance verte (graphique 2.1).

0.4-1.2 % du PIB : le coût annuel de la modernisation des systèmes d'eau dans les pays de l'OCDE – un financement durable est donc primordial.

Pérenniser le financement d'une gestion efficace de la ressource en eau – notamment au moyen des redevances pour prélèvement et du prix de l'eau – demeure difficile. Pour assurer la viabilité écologique des écosystèmes aquatiques, atténuer les impacts des inondations et des sécheresses, et permettre au plus grand nombre de bénéficier de l'approvisionnement en eau et de son assainissement, des sources pérennes de financement sont indispensables. Malgré une base d'actifs déjà conséquente, les pays de l'OCDE devront consacrer, entre 0.4 % et 1.2 % de leur produit intérieur brut (PIB) à la modernisation et à la mise à niveau de leurs infrastructures de l'eau pendant les 20 prochaines années (OCDE, 2012a). Dans les pays en développement, outre les 54 milliards USD (dollars) nécessaires pour maintenir la desserte existante, il faudrait 18 milliards USD par an pour élargir la part de la population ayant accès à des systèmes de distribution d'eau améliorée. La pérennité du financement du secteur de l'eau est une question cruciale, qui continue de poser problème dans nombre de pays. À cette fin, outre le recours à des acteurs privés et la promotion d'une bonne gouvernance, il sera important de faire converger les incitations, au moyen des redevances pour prélèvement et des prix de l'eau.

Plusieurs pays ont entrepris de réformer les mécanismes de financement de l'eau en instaurant des redevances pour prélèvement, des redevances d'utilisation, des redevances pour pollution, des outils de tarification au coût réel et des marchés de l'eau, notamment (OCDE, 2012a). Les pays de l'OCDE s'efforcent de mieux amortir les coûts, et les prix évoluent également à la hausse dans les pays en développement. Ces mesures permettent de mieux couvrir les coûts de l'approvisionnement en eau et de la gestion durable de l'offre et de la demande, mais il reste beaucoup à faire. L'OCDE continue d'encourager des pays tels que l'Afrique du Sud, l'Australie, l'Autriche, la Belgique, la Colombie, l'Espagne, Israël, l'Italie, le Mexique et la Nouvelle-Zélande (OCDE, 2012b, 2013b, 2011a, 2011b, 2013c, 2013d, 2013e, 2013f, 2014c ; OCDE/CEPAL, 2014) à utiliser des instruments de tarification pour soutenir la gestion et le financement durable des ressources.

Les instruments tarifaires sont un élément important de la panoplie réglementaire nécessaire pour maximiser l'efficacité d'utilisation des ressources, réduire le gaspillage et progresser sur la voie d'une économie circulaire. Les pays de l'OCDE intensifient leurs efforts pour soutenir la transition vers une économie plus sobre en ressources, c'est-à-dire qui produise un maximum de biens et de services à partir d'une quantité de ressources naturelles donnée et réduise au minimum le nombre d'impacts environnementaux par quantité unitaire produite. Ces pays semblent avoir amorcé un découplage entre consommation de matières et croissance économique : le PIB par unité de matière utilisée a augmenté d'environ 30 % depuis 2000. La quantité de déchets municipaux – environ 10 % du volume de déchets total – a diminué de presque 4 % depuis dix ans, alors que quantité de matières premières et d'énergie produits par la récupération de déchets a augmenté, grâce à l'effort de valorisation des déchets. Les taux de recyclage de matières premières importantes telles le verre, l'aluminium, le papier et le plastique sont en hausse, atteignant même 80 % dans certains cas (OCDE, 2015a). En Allemagne, par exemple, la consommation de matières premières a diminué alors même que l'économie était en croissance, aussi bien avant qu'après la crise économique. Ce résultat s'explique en partie par un effort de gestion plus durable des déchets : l'Allemagne a mis en œuvre un prix effectif du carbone (entre autres mesures) afin de réduire les déchets municipaux, d'améliorer la récupération des déchets et de réduire les volumes mis en décharge (OCDE, 2012c).

Malgré les progrès des pays de l'OCDE, au niveau mondial la consommation mondiale de matières premières continue de progresser parallèlement à la hausse du PIB, du fait d'une utilisation accrue dans les économies émergentes. Des efforts restent à faire pour découpler le PIB de la consommation de matières premières, y compris dans les pays de l'OCDE où la consommation par habitant est environ 60 % plus élevée que la moyenne mondiale.

Pour encourager une gestion plus durable des matières premières, les pouvoirs publics ont de plus en plus recours à des instruments économiques comme les taxes de mise en décharge ou d'incinération. La mise en œuvre de ces outils est toutefois rendue complexe par le grand nombre d'acteurs économiques et de secteurs concernés par la productivité des ressources et par l'absence de données exhaustives OCDE, 2014d). Il reste du chemin à parcourir pour améliorer les instruments tarifaires, dans le cadre d'une panoplie d'outils réglementaires adaptés aux différentes étapes du cycle de vie des ressources (systèmes de consigne, combinaisons de taxes et de subventions en amont, obligation de reprise, etc.).

Les mécanismes de tarification aident à s'attaquer aux externalités associées au transport routier.

Outre la taxation des véhicules à moteur, les redevances liées aux distances parcourues et les redevances de congestion peuvent être très utiles pour lutter contre les externalités, notamment environnementales, du transport routier. Le secteur des transports représente environ 18 % de la consommation d'énergie primaire dans le monde et 20 % des émissions de CO_2 qui en découlent (Agence internationale de l'énergie [AIE], 2014a). Avec une consommation globale légèrement inférieure à 40 % de l'ensemble du secteur des transports, ce sont les transports routiers qui consomment le plus. Ils sont aussi responsables d'une part importante de la pollution atmosphérique et des coûts sociaux qui en résultent : dans les pays de l'OCDE, des estimations préliminaires leur imputent la moitié des quelque 1 700 milliards USD de coûts associés à l'impact sanitaire de la pollution atmosphérique (OCDE, 2014e). Les transports routiers seraient aussi à l'origine d'une part importante du coût sanitaire de la pollution atmosphérique, évalué à 1 700 milliards USD pour la Chine et 500 milliards USD pour l'Inde[4]. Outre ces coûts environnementaux et sociaux, la congestion du trafic routier peut avoir des répercussions économiques importantes. En Belgique, par exemple, le temps perdu dans les embouteillages et la modification des comportements face à la congestion du trafic – qui peut se traduire par exemple par une baisse de mobilité professionnelle – coûteraient environ 1-2 % du PIB (OCDE, 2013g). Le volume du transport des personnes par la route devrait croître de 60 % entre 2010 et 2050 dans les pays de l'OCDE et être multiplié par 4 ou 5 au-delà de la région de l'OCDE, ce qui aggravera les externalités associées (OCDE/FIT, 2013).

De nouveaux instruments d'action solides, tels que les mécanismes de tarification, sont indispensables pour maîtriser les externalités du transport routier. Dans presque tous les pays, les carburants figurent parmi les produits énergétiques les plus lourdement taxés, mais les dispositifs de tarification routière – comme les péages ou les redevances de congestion – ont également un rôle important à jouer pour encourager la transition vers des modes de transport plus respectueux de l'environnement (comme la marche, le vélo ou les transports publics [Ang et Marchal, 2013]). Si nul ne conteste que l'utilisation des transports publics doive être payante, l'acceptabilité sociale de dispositifs de tarification des transports routiers visant à refléter leurs coûts environnementaux, sociaux et économiques est plus difficile à établir et un travail important doit être fait dans ce sens (Banister, Crist et Perkins, 2015). Sur l'ensemble des études par pays publiées par l'OCDE depuis 2011, près d'une sur six recommande de se pencher sur cette question (graphique 2.1). Pour rallier des soutiens au niveau local à des mesures comme les redevances de congestion et les instruments de récupération des plus-values foncières, il est utile de faire valoir les avantages de ces politiques dans d'autres domaines que le climat (Ang et Marchal, 2013).

Défi n° 3 : Faire évoluer la charge fiscale au profit de la fiscalité environnementale

La fiscalité environnementale est un outil rentable mais insuffisamment utilisé pour parvenir à des objectifs environnementaux. Cet instrument permet en effet de faire en sorte que les prix du marché reflètent du moins en partie les coûts environnementaux de l'activité économique. En ajustant les prix relatifs, elle incite les producteurs et les consommateurs à privilégier les activités et les produits plus respectueux de l'environnement. L'expérience montre que conformément à la théorie, la fiscalité environnementale permet de réaliser des objectifs environnementaux avec un bon rapport coût-efficacité (OCDE, 2013a).

Les recettes des taxes liées à l'environnement restent limitées dans beaucoup de pays.

Presque tous les pays de l'OCDE et de nombreux pays non-membres de l'OCDE pratiquent désormais une fiscalité environnementale (Greene et Braathen, 2014). Pourtant, dans beaucoup de pays, les recettes fiscales ainsi dégagées restent très modestes en pourcentage du PIB. Les recettes fiscales tirées des taxes environnementales représentent, en moyenne, 2 % du PIB des pays de l'OCDE[5]. Ce chiffre est en stagnation depuis une quinzaine d'années, en raison notamment de la hausse des prix internationaux des carburants, qui a provoqué une baisse de la demande, et donc des recettes fiscales des carburants automobiles.

Dans les pays de l'OCDE, la part des taxes liées à l'environnement ne représente en moyenne que 2 % du PIB, mais dans certains pays comme la Slovénie, la Turquie et les Pays-Bas, elle est plus élevée (plus de 3.5 % du PIB) (Greene et Braathen, 2014). Cela laisse à penser que la plupart des autres pays pourraient faire beaucoup mieux. La réorientation d'une partie de la pression fiscale vers des taxes environnementales serait aussi l'occasion de donner un coup de pouce à des réformes plus génératrices de croissance et d'alléger certaines autres taxes plus distorsives, telles que les impôts frappant l'emploi. De nouveaux impôts pourraient aussi contribuer à réduire les déficits publics et freiner le gonflement de la dette publique, et ainsi se substituer avantageusement à une réduction des dépenses publiques ou à la hausse de la fiscalité du travail et des revenus des entreprises. Les documents de suivi des politiques nationales publiés par l'OCDE traitent abondamment de cet aspect (c'est d'ailleurs le thème le plus souvent évoqué, puisqu'il figure dans 49 rapports) et illustrent la marge de progression restante dans de nombreux pays (graphique 2.1).

Défi n° 4 : Éliminer les incohérences préjudiciables à l'environnement dans les systèmes de taxation

Orienter les régimes fiscaux dans le sens de la croissance verte, c'est veiller à ce que la politique fiscale soit cohérente du point de vue de l'environnement – qu'elle poursuive ou non spécifiquement des objectifs environnementaux – outre d'avoir un recours accru à la fiscalité environnementale.

Dans de nombreux pays de l'OCDE, la taxation de la consommation énergétique n'est pas cohérente, que ce soit par sa structure ou par son niveau : 72 % des recettes de la fiscalité environnementale proviennent de taxes sur les produits énergétiques, notamment les carburants automobiles (Harding, 2014a). Étant donné les coûts environnementaux et sociaux liés à l'utilisation de combustibles fossiles en particulier (changement climatique, pollution atmosphérique au niveau local, épuisement des ressources, vulnérabilité aux chocs de l'offre), il est primordial de taxer la consommation d'énergie de manière à ce que les prix et l'utilisation de l'énergie reflètent davantage ses coûts environnementaux et sociaux. Toutefois, de récents travaux font apparaître des incohérences dans la fiscalité – entre différentes formes d'énergie, différentes utilisations et différentes catégories d'utilisateurs – au regard des coûts environnementaux et sociaux, sans justification apparente (OCDE, 2013h). Ces variations induisent des signaux-prix divergents qui laissent à penser qu'il existe des possibilités encore inexploitées de réformer les dispositifs à moindre coût afin de garantir, si possible, que le montant des taxes reflète bien les coûts externes associés aux différentes formes et utilisations d'énergie[6]. L'application de taux d'imposition différents au diesel et à l'essence destinés à un usage routier en est un exemple courant.

Dans 33 pays de l'OCDE sur 34, le gazole est moins taxé que l'essence, alors que ses externalités environnementales et sociales sont plus importantes.

Il est essentiel d'éliminer l'écart de traitement entre l'essence et le diesel à usage routier – c'est-à-dire « l'avantage du diesel ». Dans 33 pays de l'OCDE sur 34 (les États-Unis faisant figure d'exception), le diesel est moins taxé que l'essence, aussi bien en termes d'énergie que de contenu carbone (Harding, 2014a). Cette différence ne se justifie pas d'un point de vue environnemental. En effet, par rapport à un litre d'essence, un litre de diesel émet davantage de polluants atmosphériques nocifs, comme l'oxyde d'azote ou le dioxyde de souffre et les particules fines. Les émissions de CO_2 du diesel par litre sont également plus élevées. Un litre de diesel devrait donc être plus lourdement taxé qu'un litre d'essence afin de rendre compte des coûts environnementaux relatifs. De plus, les véhicules diesel sont souvent moins gourmands en carburant et tendent à parcourir plus de distance au litre que les véhicules à essence. Les coûts sociaux d'un litre de diesel – embouteillages, bruit, accidents et usure des infrastructures – sont donc supérieurs à ceux d'un litre d'essence. Ceci justifie aussi l'imposition de taxes plus élevées sur le diesel que sur l'essence, à moins que l'utilisation de meilleurs instruments reflétant les coûts externes liés à la conduite ne devienne beaucoup plus étendue qu'elle ne l'est à présent.

La différence de traitement fiscal du diesel et de l'essence a parfois été justifiée par le fait que les véhicules diesel consomment moins (même si cela suffit déjà à inciter les consommateurs à opter pour des véhicules diesel, y compris en l'absence d'argument fiscal) ou que le diesel est traditionnellement utilisé par les professionnels. Ce différentiel est peut-être aussi le résultat d'évolutions graduelles de la législation et de la séquence dans laquelle sont apparues les taxes sur les différents produits énergétiques. Cependant, le diesel a davantage d'impacts négatifs pour l'environnement et la société ; l'avantage fiscal dont il bénéficie doit donc être supprimé. Les gouvernements préféreront peut-être procéder par hausses progressives de la taxe sur le diesel, afin d'atténuer le choc pour les ménages et les entreprises (à savoir les coûts des transports de marchandises et les effets qu'ils ont, par l'intermédiaire des prix, sur les coûts de production et le niveau des prix des biens de consommation à l'échelle de l'économie). Des aides plus ciblées, consistant par exemple à redistribuer le produit des hausses d'impôts via des transferts directs ou des allègements fiscaux, pourraient être préférables à d'autres mesures – comme les exonérations – qui risquent d'envoyer des signaux néfastes à l'environnement (Harding, 2014a).

La Commission européenne a proposé de revoir sa Directive sur la taxation de l'énergie pour porter le niveau de taxation minimal du diesel à 0.39 EUR (euros) le litre, soit plus que l'essence (0.36 EUR) (Commission européenne, 2011) mais le différentiel subsiste en Europe et ailleurs.

Il faut mettre fin au traitement fiscal préférentiel des voitures de fonction. La politique fiscale de croissance verte ne se limite pas à de simples taxes environnementales. Ainsi, dans tous les pays de l'OCDE, l'utilisation des voitures de fonction à titre privé est moins taxée que les revenus du travail, avec un écart important dans la plupart des cas (Harding, 2014b). Au moins deux tiers des pays de l'OCDE fiscalisent tout au mieux 50 % de cet avantage consenti aux salariés en tant qu'avantage en nature, par rapport à l'hypothèse d'un traitement fiscal neutre. En 2012, les avantages en nature échappant à l'impôt totalisaient environ 26.8 milliards EUR, ce qui démontre que les voitures de fonction représentent une part importante du parc automobile dans de nombreux pays de l'OCDE[7]. Seuls deux pays – le Canada et la Norvège – parviennent à taxer plus de 90 % de l'avantage par rapport à cette référence hypothétique. La moyenne pondérée tous pays confondus représente 1 600 EUR – assez pour suggérer que ce dispositif influe sur les comportements.

116 milliards EUR par an : le coût social imputable à la sous-imposition des voitures de société dans les pays de l'OCDE.

Le traitement fiscal actuel des voitures de fonction est donc important d'un double point de vue fiscal et environnement. Le calibrage de l'impôt sur les véhicules de société peut influencer les comportements : distances parcourues, choix des modes de transport (parfois au profit des plus polluants), localisation du domicile et choix du véhicule ; il peut avoir un impact sur les embouteillages, les accidents, le bruit et les autres coûts sociaux. Dans la plupart des pays de l'OCDE, l'assiette d'imposition de cet avantage n'est pas liée aux distances parcourues - c'est là l'une des premières causes de l'écart entre les régimes fiscaux existants et un régime neutre (Roy, 2014). Dans les pays où l'impôt est fonction des distances parcourues, le taux d'imposition est fixe en fonction du kilométrage, ce qui signifie que le supplément de carburant consommé par les véhicules moins sobres n'est pas imposé. Ainsi, par rapport à un scénario fiscal neutre, seuls 20 % de la composante distance sont pris en compte dans le calcul de l'avantage imposable, entraînant vraisemblablement une hausse disproportionnée de la distance totale parcourue et des pressions environnementales qui en découlent.

L'Allemagne va jusqu'à accorder des réductions supplémentaires de l'impôt sur le revenu en fonction des distances parcourues en voiture, ce qui se traduit par des émissions de 2 millions de tonnes de CO_2 supplémentaires par an en 2015 et 2.6 millions de tonnes à l'horizon 2030 (OCDE, 2012c).

Le total des coûts sociaux supplémentaires imputables à la sous-imposition des véhicules de société dans les pays de l'OCDE - y compris le coût des embouteillages, de la pollution atmosphérique et des accidents de la circulation - est estimé à environ EUR 116 milliards par an, un chiffre considérablement supérieur aux 26.8 milliards EUR de manque à gagner fiscal. Le traitement préférentiel des voitures de fonction a de plus un impact régressif, puisqu'il favorise les hauts revenus - encore une excellente raison de mettre fin au traitement préférentiel des véhicules de société dans tous les pays.

Défi n° 5 : Utiliser les subventions pour favoriser les technologies vertes et abandonner progressivement les subventions ayant un effet pervers sur l'environnement

Les subventions, tout comme la tarification ou les taxes environnementales, envoient des signaux de marché susceptibles d'influencer le comportement des producteurs et des consommateurs. Bien conçues et ciblées, elles peuvent peser en faveur d'activités et de produits plus respectueux de l'environnement, combler les défaillances du marché et stimuler les innovations et les investissements verts (Green et Braathen, 2014). À l'inverse, certaines mesures de soutien à des modes de consommation ou de production néfastes à l'environnement, impliquant notamment des combustibles fossiles – et malheureusement très présentes dans la zone OCDE et les économies partenaires – vont à l'encontre des objectifs environnementaux. L'élimination de ces aides devrait être une priorité pour faire avancer la cause de la croissance verte.

640 milliards USD par an : les dépenses publiques consacrées aux mesures dommageables pour l'environnement de soutien aux combustibles fossiles.

L'une des difficultés constantes est de s'assurer que les subventions visant à promouvoir les technologies et pratiques respectueuses de l'environnement – par exemple les tarifs d'achat visant à

promouvoir les technologies et pratiques vertes – favorisent effectivement le changement. Lorsqu'ils ont recours à des subventions environnementales, les pouvoirs publics doivent conserver la flexibilité nécessaire et privilégier les dispositifs à la fois peu coûteux et efficaces capables de s'adapter à la baisse des coûts des technologies tout en veillant à ce que les signaux de marché soient suffisamment clairs et stables pour stimuler le changement. Les messages ambigus, les politiques « en douche écossaise » et les mesures à effet rétroactif peuvent gravement affaiblir les signaux adressés aux marchés, comme on l'a vu récemment dans le secteur des énergies renouvelables. Aux États-Unis par exemple, la capacité éolienne déployée en 2013 est tombée d'1 gigawatt – contre 13 gigawatts en 2012 – suite à la disparition anticipée, fin 2012, d'un crédit d'impôt accordé à la production d'électricité renouvelable ; le crédit d'impôt a finalement été prolongé (AIE, 2014b). Le ciblage, le déploiement ou la réaffectation de fonds publics disponibles en quantité limitée peuvent s'avérer difficiles, de même que la mobilisation des moyens administratifs et de l'information nécessaires. Les examens de l'OCDE consacrés à des pays tels que l'Allemagne, la Chine, la France, l'Irlande, Israël, le Japon, la Jordanie et le Portugal, ainsi qu'à d'autres États membres de l'Union européenne en témoignent (OECD, 2013i, 2013j, 2012c, 2011c, 2011b, 2013k, 2013l, 2012d, 2014f).

Selon les estimations, les gouvernements dépensent actuellement plus de 640 milliards USD par an à soutenir les énergies fossiles néfastes à l'environnement. Ces aides vont directement à l'encontre les politiques de croissance verte, jouent négativement sur le prix du carbone et dissuadent les investisseurs de miser sur des technologies énergétiques « propres ». En 2009, les dirigeants des pays du Groupe des vingt (G20) se sont engagés à « rationnaliser et à moyen terme éliminer progressivement les subventions inefficaces aux énergies fossiles qui encouragent le gaspillage » et ont invité le reste du monde à suivre leur exemple. Beaucoup de chemin reste encore à parcourir. Les pays de l'OCDE continuent en effet de soutenir la production de combustibles fossiles de plusieurs manières, notamment par des interventions sur le marché qui influent sur les coûts ou les prix ; par des transferts directs ; en assumant une partie du risque ; par des régimes fiscaux préférentiels ; et par la sous-tarification de biens ou d'actifs fournis par l'État. Cela revient à accentuer l'avantage déjà patent dont bénéficient les technologies anciennes et à pénaliser les technologies plus récentes et plus propres dans le jeu concurrentiel. Par ailleurs, les pouvoirs publics encouragent la consommation d'énergie par des moyens tels que le contrôle des prix, qui régule le coût de l'énergie pour les consommateurs ; les versements directs ; les remises sur l'achat de produits énergétiques ; et les allègements fiscaux.

L'inventaire des mesures budgétaires de soutien et des aides fiscales aux combustibles fossiles (*Inventory of Estimated Budgetary Support and Tax Expenditures for Fossil Fuels* (OCDE 2013m) recense, pays par pays, plus de 550 mesures qui soutiennent l'utilisation ou la production de combustibles fossiles au sein de la zone OCDE[8]. La valeur totale estimée de ces mesures s'élève à 90 milliards USD par an, d'après les données de 2011 ; près des deux tiers d'entre elles concernent le pétrole, les autres se partageant entre le charbon et le gaz naturel.

Dans les pays émergents et en développement, ces aides sont encore plus importantes, puisque le montant des aides versées uniquement pour soutenir la consommation est estimé à 550 milliards USD en 2013 (AIE, 2014c). En Indonésie, par exemple, ces dépenses ont représenté 24 % du PIB en 2013 (OCDE, 2015b). Outre le fait qu'elles mobilisent d'importantes ressources publiques qui pourraient être mieux employées dans d'autres domaines, ces subventions à la consommation de combustibles fossiles profitent largement aux riches, même si les gouvernements prennent souvent pour prétexte l'allègement de la précarité énergétique pour les justifier. Ainsi, en 2009, en Indonésie, 40 % des subventions ont profité aux 10 % de ménages les plus riches, tandis que seulement 1 % de ces subventions a bénéficié aux 10 % des ménages les plus pauvres. Début 2015, profitant de l'occasion offerte par la baisse des prix mondiaux du pétrole, le gouvernement indonésien a éliminé ce régime de fixation des prix de l'essence et du diesel. Les prix sont désormais liés aux cours mondiaux – hormis une subvention fixe de 1 000 IDR (roupies) (0.08 USD) qui subsiste sur le diesel. En Inde, le subventionnement implicite du pétrole profite sept fois plus aux 10 % de ménages les plus riches qu'aux 10 % les plus pauvres (OCDE, 2014f). Malgré tout, les opinions publiques sont souvent opposées aux réformes. L'OCDE continue de fournir des conseils à ses pays membres, ainsi qu'aux pays émergents et en développement, visant notamment à les aider à mieux cibler les mesures de lutte contre la précarité énergétique en privilégiant par exemple les versements directs.

Défi n° 6 : Promouvoir le développement des infrastructures vertes

Les choix d'infrastructure faits aujourd'hui auront des répercussions environnementales profondes et durables. Construire plus vert est essentiel pour éviter un verrouillage durable des technologies anciennes. Par exemple, une centrale au charbon mise en service aujourd'hui est destinée à durer 50 à 60 ans, avec des conséquences inéluctables pour des dizaines d'années en termes de pollution atmosphérique et des émissions de gaz à effet de serre - sauf à mettre un terme prématuré à la vie économique de la centrale (Corfee-Morlot et al., 2012). Pour ce qui est du secteur de l'énergie, l'AIE estime qu'avec les infrastructures existantes ou en cours de construction, on atteint déjà environ 80 % des émissions cumulées autorisées à l'horizon 2035 si l'on veut se limiter à un scénario compatible avec les objectifs climatiques internationaux (AIE, 2012). Cela laisse bien peu de marge pour de nouvelles installations polluantes, à moins que les pouvoirs publics ne soient disposés à ordonner la fermeture anticipée de certaines infrastructures ou à ne pas exploiter leurs capacités de production. Pour atteindre les objectifs internationaux d'atténuation, il faudrait que 80 % des investissements en centrales thermiques appliquent des technologies bas-carbone dès 2020 une part qui devrait être portée à 90 % après 2025 (AIE, 2014a).

80 % des émissions cumulées autorisées à l'horizon 2035 dans le secteur énergétique dans le cadre d'un scénario bas carbone sont imputables aux infrastructures existantes ou en cours de construction.

Le défi en matière d'investissements verts sera peut-être plus d'orienter les investissements vers la bonne catégorie d'infrastructures que de débloquer d'importants capitaux supplémentaires (OCDE, 2013n). Quelque 2 000 milliards USD sont investis chaque année dans les infrastructures de transports[9], d'énergie et d'eau, ce qui représente environ 4 % du PIB mondial. Il faut chaque année 1 200 milliards USD supplémentaires pour la maintenance des capacités existantes d'infrastructures et le service, ainsi que pour financer le développement et la croissance jusqu'en 2030. Ce chiffre ne tient pas compte des contraintes environnementales (Kaminker et al., 2013). Opter pour le « vert » pour l'ensemble de l'investissement de ces secteurs pourrait nécessiter une augmentation de la dépense. D'après le rapport « New Climate Economy », la transition vers une économie bas-carbone, par exemple, représenterait un coût supplémentaire de 5 % car les infrastructures bas-carbone sont souvent plus coûteuses à l'achat que celles qui utilisent des carburants fossiles (New Climate Economy, 2014). En revanche, les investissements en infrastructures vertes peuvent aussi permettre des économies si un investissement systématique dans la bonne catégorie d'infrastructures permet des gains d'efficacité à l'échelle du système tout entier. D'après certaines études, l'économie nette réalisée pourrait être de l'ordre de 450 milliards USD, soit 14 % de réduction du coût global grâce à certains changements comme la meilleure utilisation des réseaux électriques au moyen de réseaux intelligents (Kennedy et Corfee-Morlot, 2013). D'après l'AIE, un investissement supplémentaire de 44 000 milliards USD pour décarboner le système énergétique de manière à réaliser les objectifs climatiques internationaux permettrait une économie d'énergie de 71 000 milliards USD d'ici à 2050 (AIE, 2014a).

Le climat d'investissement induit par l'action publique est déterminant pour orienter l'investissement vers les infrastructures dites « propres ». Étant donné l'ampleur de l'effort nécessaire et les pressions qui s'exercent actuellement sur les finances publiques, il sera indispensable d'attirer les investissements privés. Mais les gouvernements ne peuvent se contenter d'attendre que les capitaux affluent dans les quantités et dans les délais voulus pour réaliser la transition verte ; l'action publique doit s'accompagner de signaux à la fois clairs, stables et durables pour justifier de l'investissement vert d'un point de vue économique (Kaminker et al., 2013). Les pouvoirs publics doivent s'attaquer à un certain nombre de défaillances de la gouvernance et des marchés et autres obstacles à l'investissement qui, mis bout à bout, favorisent les activités consommatrices d'énergies fossiles au détriment d'investissements en infrastructures propres. Outre les éléments qui forment le cœur des politiques de croissance verte (à savoir les mécanismes de détermination du prix, la réglementation, etc.), cela implique de réexaminer les règles, règlements et politiques en place susceptibles de freiner les investissements en matière d'infrastructures vertes ; de créer des instruments de placement offrant les ratios rendement/risque exigés par les investisseurs (OCDE, 2015c) ; de favoriser la coopération et le dialogue des investisseurs entre eux et entre les différents échelons de l'administration ; et de rassembler et partager les informations nécessaires aux investisseurs pour l'évaluation des risques et de la performance des infrastructures vertes (Kaminker et al., 2013). Les pouvoirs publics doivent également se pencher sur les obstacles à l'investissement international (par exemple les exigences de contenu local) qui peuvent aussi affecter les investissements en infrastructures vertes (Bahar, Egeland et Steenblik, 2013 ; OCDE, à paraître a).

Les investisseurs institutionnels, source de financement particulièrement prometteuse, investissent peu dans les projets d'infrastructures, qu'elles soient vertes ou non ; de nouvelles mesures sont indispensables pour répondre à leurs problématiques spécifiques. En 2013, les investisseurs institutionnels des pays de l'OCDE (sociétés d'assurance, fonds d'investissement, fonds de pension, fonds de réserve publics pour les retraites, fondations et assurances mixtes) détenaient 93 000 milliards USD d'actifs en 2013 (OCDE, 2015c). Les sources traditionnelles de financement pour l'investissement vert que sont les gouvernements et les banques connaissent des difficultés liées à des causes structurelles, aux exigences de recapitalisation et aux réglementations financières à venir. Dans ce contexte, les investissements institutionnels pourraient venir combler un manque en finançant la transition. Dans les pays émergents et en développement, les fonds souverains sont des bailleurs de fonds essentiels, avec 7 000 milliards USD d'actifs en janvier 2015 (Sovereign Wealth Fund Institute, 2015). Pourtant, les investisseurs institutionnels misent encore peu sur les infrastructures vertes. Ainsi, en 2013, seuls 1 % des actifs des grands fonds de pension étaient investis directement dans des projets de construction d'infrastructures, toutes catégories confondues –et seulement 3 % de ce 1 % auraient profité aux infrastructures vertes (OCDE, 2014h). Outre les mesures évoquées précédemment pour stimuler de nouveaux investissements, il faudrait envisager d'établir des stratégies et des feuilles de route nationales pour les infrastructures ; de faciliter le développement et la mise en œuvre d'instruments d'atténuation du risque ; de réduire les coûts de transaction pour les investissements en énergies durables ; et éventuellement de mettre en place une banque spécifique pour les investissements verts.

Les investisseurs institutionnels détiennent des milliers de milliards d'actifs, mais investissent peu dans les infrastructures vertes.

Les politiques publiques actuelles ne suffisent pas à accélérer les investissements dans les infrastructures vertes. Les gouvernements doivent faire preuve d'une vigilance permanente pour offrir des conditions plus propices à l'investissement vert grâce à des mesures aussi économiques que possible (OCDE, 2013n). Les examens de suivi des pays effectués par l'OCDE depuis 2011 formulent des recommandations sur l'investissement en infrastructures vertes dans les secteurs de l'énergie, des transports et des déchets. Par exemple, dans l'*Étude économique* du Mexique effectuée en 2013 (OCDE, 2013d), elle conseille au Mexique d'orienter des investissements publics et privés vers des infrastructures vertes, notamment dans les transports publics. Elle recommande notamment d'améliorer la fonction de planification, les relations budgétaires entre différents niveaux de gouvernement et la réalisation des analyses coûts-avantages. Dans l'*Étude économique* consacrée à l'Union européenne (OCDE, 2014f) elle préconise de simplifier les procédures d'autorisation pour soutenir les investissements dans les réseaux électriques. L'OCDE a également préparé les *Lignes directrices pour l'investissement dans une infrastructure énergétique propre* (OCDE, 2015d) un outil non prescriptif destiné à aider les gouvernements à trouver les moyens de mobiliser l'investissement du secteur privé dans des infrastructures énergétiques propres. Il soulève un certain nombre de questions à l'attention des décideurs concernant la politique d'investissement, la promotion et la facilitation de l'investissement, la conception des marchés de l'énergie, la politique de la concurrence, les marchés financiers et la gouvernance publique des institutions du marché de l'énergie.

Défi n° 7 : Orienter les systèmes d'innovation au service des priorités de la croissance verte

L'innovation est une composante incontournable de la croissance verte. Elle est essentielle pour instaurer de nouveaux modèles de production et de consommation qui dissocient croissance et capital naturel, pour générer de nouvelles sources de croissance reflétant pleinement la valeur du capital naturel pour la société, offrir de nouveaux moyens de faire face aux risques environnementaux et empêcher que les coûts de la transformation ne deviennent prohibitifs. Des innovations radicales et systémiques sont nécessaires et pour cela, il faut davantage de soutien des pouvoirs publics et d'investissements associés.

L'intervention des pouvoirs publics est nécessaire pour s'attaquer aux obstacles connus et stimuler l'innovation verte. Comme le prix de nombreuses externalités environnementales est trop faible, voire nul, les entreprises ont trop peu d'incitations à investir dans les innovations vertes. Le marché de l'innovation verte est également dominé par les technologies et les systèmes existants, en particulier dans les secteurs de l'énergie et des transports ; cela freine l'arrivée de nouveaux entrants (c'est le phénomène d'enfermement technologique). De plus, les défaillances des marchés – par exemple la difficulté à capter le retour sur investissement – conduisent généralement à un sous-investissement. Le défi consiste à orienter les systèmes d'innovation de manière à ce qu'ils accélèrent l'innovation en général et qu'ils soutiennent directement les technologies et les processus verts en particulier par le biais d'une démarche « d'innovation systémique », qui corrige des défaillances spécifiques des marchés, mais répond aussi à certains problèmes côté demande, comme les réticences des consommateurs et des ménages (par exemple en leur fournissant des informations) et les résistances institutionnelles (OCDE, à paraître b).

Les gouvernements doivent orienter les systèmes d'innovation de façon à accélérer l'innovation en général et à promouvoir directement les technologies vertes.

Des politiques-cadres d'innovation solides, notamment de soutien de la recherche fondamentale et du développement (R-D fondamentale) et de protection de la propriété intellectuelle sont une composante nécessaire mais non suffisante de la politique pour l'innovation verte (OCDE, à paraître c). Des signaux d'action publique réactifs aux externalités associées aux problèmes environnementaux sont essentiels pour générer une demande d'innovation verte sur le marché. Par exemple, le fait d'établir un prix pour les émissions carbone, l'eau et les déchets pousse les innovateurs potentiels à rechercher la manière la plus économique de réduire les impacts environnementaux. Des normes de performances bien pensées peuvent aussi stimuler l'innovation. Il est essentiel que l'action publique ait un caractère prévisible. L'imprévisibilité des signaux incite les investisseurs à repousser leurs investissements à plus tard – en particulier les investissements risqués, non transférables et lourds associés aux inventions technologiques et à leur adoption (Criscuolo et Menon, 2014). Les politiques ciblées de soutien à l'innovation sont parfois difficiles à concevoir, car il est difficile d'établir quand une technologie sera mature et de prédire son potentiel commercial futur. Les aides à l'innovation doivent être subordonnées à des procédures de sélection par mise en concurrence ; elles doivent se concentrer sur les performances et non sur les technologies, veiller à ce que les acteurs en place ne soient pas favorisés, comporter une évaluation d'impact rigoureuse et maîtriser les coûts. Les pouvoirs publics doivent être prêts à soutenir l'innovation pour tenir compte de l'incertitude lorsqu'ils apportent une aide discrétionnaire, avec des mécanismes de sortie si la technologie ne tient pas ses promesses, ou au contraire si elle s'avère assez intéressante pour intéresser des acteurs privés (Egli, Menon et Johnston, à paraître).

Le rôle des mécanismes de financement est crucial pour induire l'innovation. Les entreprises actives dans l'innovation verte peuvent avoir du mal à accéder à des financements car tout marché immature se caractérise par un plus risque commercial plus important ; les investissements nécessaires sont en outre souvent lourds et relativement longs à rentabiliser. Des études récentes ont démontré que le contexte législatif influence beaucoup les possibilités d'accès au financement privé (Criscuolo et al., 2014)). Les cadres d'action publique peuvent aussi stimuler l'activité de fusion-acquisition dans les secteurs concernés, ce qui peut aussi faciliter le financement. Le financement public et les politiques publiques jouent un rôle important pour mobiliser les fonds privés à l'échelle mondiale (Haščič et al., 2015). Le potentiel des politiques publiques nationales à accroître la mobilisation des fonds vers – et dans – les pays en développement en particulier reste inexploité.

Des politiques ciblées sont nécessaires pour s'attaquer spécifiquement aux obstacles à l'innovation verte.

Des politiques plus ciblées sont essentielles pour combattre les obstacles à l'innovation, notamment des politiques propres à favoriser la croissance de nouvelles entreprises innovantes et à soutenir la transition des petites et moyennes entreprises (PME). Des problèmes spécifiques se posent aux PME qui souhaitent adopter des innovations vertes ; elles n'ont souvent pas les capacités suffisantes pour démontrer les innovations et les commercialiser ; des mesures visant, par exemple, à réduire leurs tâches administratives et leur ouvrir l'accès aux commandes publiques « vertes » peuvent renforcer leurs capacités. Les nouvelles entreprises jouent un rôle déterminant car elles mettent au point des innovations de rupture, qui viennent concurrencer les sociétés déjà bien établies dans leur domaine. Les pouvoirs publics doivent donc intervenir pour soutenir la montée en échelle des nouveaux modèles et faciliter l'entrée, la sortie et la croissance de nouvelles entreprises, y compris en garantissant une concurrence équitable et en facilitant l'accès aux financements (Beltramello, Haie-Fayle et Pilat, 2013 ; Egli, Menon et Johnstone, à paraître).

Si la structure fondamentale des politiques d'innovation doit être technologiquement neutre, en pratique, les gouvernements favorisent discrétionnairement certaines technologies. Dans la mesure du possible, leurs choix doivent être motivés par des éléments factuels (Egli, Menon et Johnstone, à paraître).

Les dépenses de R-D et les brevets importants pour la croissance verte sont deux indicateurs des progrès en matière de croissance verte, même si la méthode de mesure employée revêt une importance particulière, car l'innovation « verte » peut provenir de domaines très différents. Les biotechnologies (OCDE, 2013o), les nanotechnologies (OCDE, 2013p) et les technologies de l'information et des communications, par exemple, ont des implications non négligeables sur l'environnement, même si ce n'est pas leur vocation première. La part des recherches relatives à l'environnement dans les dépenses publiques de R-D est à peu près constante dans les pays de l'OCDE. Le développement et la diffusion des technologies relatives à l'environnement, mesurés à l'aide des données sur les brevets, est généralement en augmentation dans tous les pays, dans tous les domaines qui comptent pour la croissance verte. Cependant, les progrès sont inégaux d'un pays à l'autre et peu susceptibles de produire des changements majeurs dans des domaines environnementaux clés (OCDE, 2014a). Comme une grande majorité des innovations « vertes » sont développées dans un petit nombre de pays, il sera essentiel de les diffuser au maximum à l'échelle mondiale.

L'ouverture à la frontière technologique mondiale est essentielle à l'introduction d'innovations vertes. Poirier et al., (2015) présentent une analyse de l'effet des coopérations entre co-auteurs de publications scientifiques sur l'activité de brevetage dans les technologies d'énergie éoliennes. Les résultats de cette analyse suggèrent qu'il existe d'importants effets de transmission de connaissances entre pays de l'OCDE, mais que les économies non-membres de l'OCDE bénéficient tout particulièrement de ces coopérations. C'est un argument de plus pour la coopération internationale de recherche entre pays de l'OCDE et économies non-membres de l'OCDE dans le domaine de l'atténuation des changements climatiques. Dans le même ordre d'idées, des travaux sur les technologies d'adaptation au dérèglement climatique dans les domaines ayant trait à l'eau (Dechezlepretre, Haščič et Johnstone, 2015) démontrent que la plupart des innovations dans le monde viennent de pays peu ou modérément menacés par la raréfaction de l'eau. Ce constat souligne l'importance des transferts internationaux de technologies et des politiques visant à faciliter une large diffusion de ces technologies.

Il reste un large éventail de mesures dans lequel les gouvernements peuvent puiser pour faire progresser davantage l'innovation verte. Les travaux de suivi des politiques nationales effectués par l'OCDE depuis 2011 préconisent des mesures propres à stimuler l'innovation verte : soutien public à la R-D, aides ciblées (par exemple au capital-risque et à la participation du secteur privé) et mesures d'action sur la demande (par exemple normes axés sur l'innovation et information des consommateurs). Ses rapports évoquent aussi les partenariats public-privé ; l'aide aux PME ; l'intégration de l'innovation verte dans les stratégies nationales ; et la création de grappes d'éco-innovation pour favoriser la coopération entre autorités publiques, entreprises et universitaires. Outre la nécessaire action sur l'offre et sur la demande, il faudra créer de meilleurs mécanismes de gouvernance et obtenir l'engagement de différentes parties prenantes pour faciliter l'innovation à l'échelle d'un système. Plus généralement, il sera essentiel d'adopter une approche systémique qui fasse la synthèse entre des domaines d'action souvent traités séparément, comme les politiques économiques (notamment d'innovation), environnementales et sociales.

Défi n° 8 : Accélérer les progrès en matière d'efficacité énergétique

L'efficacité énergétique est une piste fondamentale mais largement sous-exploitée pour rendre le secteur de l'énergie plus respectueux de l'environnement. Compte tenu des mesures actuelles et proposées, la demande mondiale d'énergie devrait augmenter de 37 % d'ici à 2040 par rapport au niveau de 2012 (AIE, 2014a). Cette hausse s'accompagnerait d'une progression d'environ 20 % des émissions de carbone liées à la consommation d'énergie, ainsi que d'un réchauffement de la température mondiale moyenne de 3.6 °C (degrés Celsius). Il est indispensable de prendre davantage de mesures en faveur de l'efficacité énergétique pour atténuer les pressions qu'une demande d'énergie accrue exerce sur l'environnement et les approvisionnements. Une amélioration moyenne d'environ 2.4 % par an jusqu'en 2040 de l'efficacité énergétique est nécessaire dans la panoplie de mesures requises pour rendre le secteur de l'énergie assez respectueux de l'environnement pour limiter la hausse des températures à 2° C. Cette amélioration permettrait de faire baisser la demande d'énergie mondiale de 15 % d'ici à 2040 (AIE, 2014a).
Outre l'impératif d'efficacité dans l'utilisation de l'énergie, il faut que l'énergie fournie soit décarbonée afin que le secteur énergétique – notamment celui de la production d'électricité – devienne non seulement sobre en carbone, mais aussi durable d'un point de vue environnemental et social.

1.1 % : le gain de PIB mondial que procurerait d'ici à 2035 une baisse de moitié de la demande d'énergie entre 2010 et 2035.

Les bienfaits de l'efficacité énergétique sont multiples et vont bien au-delà de la réduction des émissions de gaz à effet de serre et de la demande d'énergie (AIE, 2014d). Une division par deux de la demande d'énergie primaire sur la période 2010-35 donnerait lieu à une augmentation de 1.1 % du PIB mondial en 2035. Cet effort nécessiterait un investissement supplémentaire de 11 800 milliards USD pour améliorer l'efficacité des technologies au niveau de l'énergie fournie, mais permettrait une économie de carburant de plus de USD 17 500 milliards et de USD 5 900 milliards en investissements côté offre (Château, Magné and Cozzi, 2014). L'efficacité énergétique peut avoir des retombées positives sur les budgets publics, sur la santé et le bien-être, sur la productivité industrielle et sur l'approvisionnement énergétique (AIE, 2014d). Bien évidemment, ces avantages se répercutent à l'échelle nationale. Si la Russie parvenait à atteindre le niveau d'efficacité énergétique des pays de l'OCDE, elle pourrait maintenir son rythme actuel de développement pendant des dizaines d'années sans aucune augmentation de ses approvisionnements (OCDE, 2011d). Le Mexique accuse, quant à lui, des pertes d'énergie presque deux fois supérieures à la moyenne internationale au niveau du transport et de la distribution d'électricité, soit une perte de rendement énergétique d'environ 16 % ; un effort d'efficacité énergétique aiderait à renverser cette tendance (OCDE, 2013d).

Malgré les avantages qu'ils pourraient apporter, la grande majorité des investissements d'efficacité énergétique économiquement viables ne seront pas réalisés dans le contexte des politiques actuelles et proposées (AIE, 2012). Le rapport de l'AIE intitulé *Tracking Clean Energy Progress,* qui passe en revue l'état d'avancement de la transition vers un secteur énergétique bas-carbone, constate que les mesures liées à l'efficacité énergétique n'atteindront les objectifs dans aucun des domaines concernés, notamment le bâtiment, l'industrie, les transports, l'électroménager et les équipements (AIE, 2014b), malgré des efforts importants. Par exemple, en juin 2014, l'Agence de protection de l'environnement des États-Unis a proposé son *Clean Power Plan* (Programme pour une énergie propre), avec pour objectif de ramener les émissions de carbone des centrales électriques du pays à 30 % au-dessous de leur niveau de 2005 d'ici à 2030, grâce à un certain nombre de mesures, notamment d'utilisation efficace de l'électricité ; les États-Unis ont également adopté des normes plus strictes dans les domaines de la construction et des appareils d'électroménager ; la Chine, soucieuse de s'attaquer au problème de la pollution atmosphérique locale, adopte à un rythme accéléré des mesures d'efficacité énergétique dans les secteurs de l'industrie, des transports et de la construction ; l'Inde a adopté des normes relatives à la consommation de carburant pour les véhicules de transport de voyageurs en 2014 ; enfin, les États membres de l'Union européenne continuent de mettre en œuvre la Directive relative à l'efficacité énergétique (AIE, 2014c).

Beaucoup plus de mesures sont nécessaires à l'échelle mondiale en matière de production, de distribution et d'utilisation énergétique. L'objectif d'efficacité énergétique doit être poursuivi au moyen de la panoplie traditionnelle des mesures pour la croissance verte : des mécanismes d'établissement des prix, afin que le prix de l'énergie intègre les retombées environnementales ; des mesures réglementaires, notamment les codes de construction et les normes sur les économies de carburant ; enfin, des mesures de sensibilisation et d'information de l'opinion (programmes d'étiquetage et de certification, formation et éducation). Ces mesures doivent être calibrées de manière à induire les progrès dans tous les secteurs concernés ; les politiques sectorielles dans des domaines tels que l'innovation et la finance doivent aussi accompagner le mouvement. Les documents de suivi par pays publiés par l'OCDE depuis 2011 donnent une idée de la diversité des mesures nécessaires. Ils contiennent des recommandations sur les politiques visant à faciliter le financement des améliorations d'efficacité énergétique : compteurs énergétiques pour piloter la consommation d'électricité ; améliorations du transport et de la distribution d'électricité ; sensibilisation du public aux avantages de l'efficacité énergétique ; certification d'efficacité énergétique dans le secteur des transports ; mesures pour améliorer l'efficacité énergétique des bâtiments ; amélioration des stratégies nationales d'efficacité énergétique ; développement d'indicateurs d'efficacité énergétique ; et aide aux investissements d'efficacité énergétique dans les PME.

POUR RÉSUMER

Les défis passés en revue dans ce chapitre offrent des enseignements utiles aux pouvoirs publics sur les moyens à leur disposition pour accélérer et améliorer la mise en œuvre des politiques de croissance verte. Il en découle un certain nombre d'observations plus générales, fondées sur les expériences nationales jusqu'à présent.

- **La quasi-totalité des pays de l'OCDE et de nombreux pays développés et émergents ont, peu ou prou, recours à des taxes environnementales pour atteindre des objectifs environnementaux. Cependant, les mécanismes visant à tarifier les externalités environnementales (par exemple les émissions de carbone) – s'avèrent très complexes à mettre en œuvre.** Il est pourtant plus économique de taxer directement les externalités que les intrants ou extrants d'activités préjudiciables à l'environnement, comme les carburants automobiles et l'électricité. Dans cette optique, la fiscalité environnementale se substitue actuellement à la tarification directe du carbone ou d'autres externalités associés aux secteurs de la production électrique, des transports, etc. ; elle crée aussi un précédent opérationnel pour la tarification des dommages à l'environnement.

- **Il faudra que les gouvernements mènent une réflexion beaucoup plus approfondie et des expérimentations pour comprendre comment surmonter les résistances politiques associées aux mécanismes de prix optimaux,** qu'ils procèdent à une évaluation ex post rigoureuse et diffusent ses résultats sans tarder (par exemple sous forme d'études de cas). Les gouvernements devront ensuite réfléchir aux approches réglementaires – c'est-à-dire dépasser leur rôle dans les domaines où les signaux-prix sont moins efficaces en raison des barrières commerciales ou des coûts transactionnels – dans les pays où les électeurs sont très hostiles aux hausses d'impôts.

- **Dans l'intervalle, les mécanismes existants pourraient réorientés de manière à soutenir beaucoup plus efficacement la croissance verte.** De nombreux pays pourraient déplacer plus massivement la charge fiscale vers des taxes environnementales. À l'intérieur de la fiscalité environnementale, il existe des disparités et différences de traitement qui n'ont pas de sens d'un point de vue environnemental et pour lesquelles des réformes s'imposent – à savoir, l'avantage fiscal accordé au diesel, la taxation insuffisante du charbon par rapport aux autres combustibles et les exonérations fiscales pour les carburants utilisés dans les secteurs de l'agriculture, de la pêche et la sylviculture. Une fiscalité qui soutienne vraiment la croissance verte ne saurait se limiter à la seule fiscalité environnementale à proprement parler : le traitement fiscal dont bénéficient encore les voitures de fonction est un exemple de loi fiscale qui a aussi un impact sur l'environnement et qu'il convient de remettre en question.

■ **Les incohérences et défauts d'alignement constatés dans les systèmes fiscaux en place démontrent que les gouvernements doivent travailler davantage pour aligner les politiques sectorielles avec les objectifs de croissance verte.** Les nombreuses améliorations possibles des politiques dans un domaine laissent penser qu'il existe aussi un important potentiel de réforme dans d'autres secteurs. Par ailleurs, si les politiques intrasectorielles ne sont pas cohérentes du point de vue environnemental, on peut craindre qu'il y ait encore plus d'incohérence entre les différents secteurs économiques et les différents domaines de l'action publique. Des travaux récents sur l'harmonisation des politiques des différents secteurs corroborent cette hypothèse (Chapitre 3).

■ **Les dispositifs de subventions publiques devraient faire l'objet d'une réflexion stratégique plus concertée.** À côté des 640 milliards USD de subventions publiques aux carburants fossiles, les montants consacrés aux technologies et aux processus verts font pâle figure. Du point de vue de la croissance verte, cela paraît totalement déraisonnable. Il serait possible de rendre les subventions vertes plus efficaces, afin qu'elles aient plus d'impact sur la croissance verte, tout en conservant une marge de flexibilité pour s'adapter aux baisses de coûts et en émettant des signaux clairs en direction des marchés. Les gouvernements doivent éviter de brouiller leurs messages et se garder des politiques « en douche écossaise » ainsi que des changements de règles à effet rétroactif.

■ **Les politiques du marché du travail et des compétences et les politiques sociales ont un rôle important à jouer pour que la transformation structurelle se déroule sans accrocs et ne déclenche pas de réaction de rejet dans l'opinion.** Le soutien général des pouvoirs publics à la mobilité du travail et au développement des compétences doit s'adapter à la demande, et les programmes de formation doivent continuellement évoluer en réponse aux besoins des employeurs. Comme de plus en plus d'emplois nécessitent des compétences « vertes », les systèmes actuels de politique de l'emploi et de politique sociale se doivent d'accompagner cette évolution, exactement comme ils l'avaient fait face au développement rapide des technologies de l'information et des communications. Cela étant, pour que les politiques de croissance verte soient politiquement viables, il faudra parfois combiner des politiques environnementales ambitieuses avec des mesures ciblées de compensation pour les « perdants » les plus visibles ou les plus influents. L'efficacité de la protection sociale est particulièrement importante dans les pays en développement, où les populations sont plus vulnérables aux impacts de la réforme et où les systèmes de transferts sont peu développés, voire inexistants.

■ **Pour orienter les politiques sectorielles et les politiques spécifiques vers la croissance verte** en matière d'investissement, d'énergie, etc., il faudra un effort beaucoup plus considérable. Les investisseurs institutionnels, par exemple, pourraient représenter une source de financement considérable pour les projets d'infrastructure verte, mais les politiques actuelles ne sont pas adaptées à leurs difficultés spécifiques. De même, malgré les multiples avantages dont elle est porteuse, la piste de l'efficacité énergétique reste largement inexploitée dans le contexte politique actuel. Les mesures évoquées dans ce chapitre pourraient servir de point de départ à la réforme.

■ **Il faut des politiques d'innovation ciblées.** L'innovation est indispensable pour opérer le découplage entre croissance et épuisement du capital naturel, ainsi que pour créer de nouvelles sources de croissance. Pourtant, il est peu probable que les politiques gouvernementales actuelles fassent émerger les innovations de rupture qu'il faudrait dans les nombreux domaines environnementaux où les innovations incrémentales ne suffiront pas à empêcher une importante dégradation de l'environnement. Le grand défi consiste à créer les conditions adaptées pour accélérer l'innovation en général, et plus spécifiquement pour canaliser l'innovation vers les technologies et les processus verts au moyen de signaux-prix et de mécanismes incitatifs clairs.

REFERENCES BIBLIOGRAPHIQUES

AIE (2014a), *Energy Technology Perspectives 2014*, AIE, Paris, http://dx.doi.org/10.1787/energy_tech-2014-en.

AIE (2014b), *Tracking Clean Energy Progress*, AIE, Paris, www.iea.org/publications/freepublications/publication/Tracking_clean_energy_progress_2014.pdf.

AIE (2014c), *World Energy Outlook 2014*, AIE, Paris, http://dx.doi.org/10.1787/weo-2014-en.

AIE (2014d), *Capturing the Multiple Benefits of Energy Efficiency: A Guide to Quantifying the Value Added*, AIE, Paris, http://dx.doi.org/10.1787/9789264220720-en.

AIE (2012), World Energy Outlook 2012, AIE, Paris, http://www.worldenergyoutlook.org/publications/weo-2012/.

Ang, G. et V. Marchal (2013), « Mobilising Private Investment in Sustainable Transport: The Case of Land Based Passenger Transport Infrastructure », Documents de travail de l'OCDE sur l'environnement, n° 56, Éditions OCDE, Paris, http://dx.doi.org/10.1787/5k46hjm8jpmv-en.

Arlinghaus, J. (2015), « Impacts of Carbon Pricing on Indicators of Competitiveness: A Review of Empirical Findings », Documents de travail de l'OCDE sur l'environnement, n° 87, Éditions OCDE, Paris, http://dx.doi.org/10.1787/5js37p21grzq-en.

Bahar, H., J. Egeland et R. Steenblik (2013), « Domestic Incentive Measures for Renewable Energy with Possible Trade Implications », Documents de travail de l'OCDE sur les échanges et environnement, n° 2013/01, Éditions OCDE, Paris, http://dx.doi.org/10.1787/5k44srlksr6f-en.

Banister, D., P. Crist et S. Perkins (2015), « Land Transport and How to Unlock Investment in Support of "Green Growth », Documents de l'OCDE sur la croissance verte, n° 2015/01, Éditions OCDE, Paris, http://dx.doi.org/10.1787/5js65xnk52kc-en.

Banque mondiale (2014), State and Trends of Carbon Pricing 2014, Banque mondiale, Washington, DC, http://documents.worldbank.org/curated/en/2014/05/19572833/state-trends-carbon-pricing-2014.

Beltramello, A., L. Haie-Fayle and D. Pilat (2013), « Why New Business Models Matter for Green Growth », Documents de l'OCDE sur la croissance verte, n° 2013/01, Éditions OCDE, Paris, http://dx.doi.org/10.1787/5k97gk40v3ln-en.

Château, J., B. Magné et L. Cozzi (2014), « Economic Implications of the IEA Efficient World Scenario », Documents de travail de l'OCDE sur l'environnement, n° 64, Éditions OCDE, Paris, http://dx.doi.org/10.1787/5jz2qcn29lbw-en.

Commission européenne (2011), Proposition de directive du Conseil modifiant la Directive 2003/96/EC du Conseil restructurant le cadre communautaire de taxation des produits énergétiques et de l'électricité, Commission européene, http://ec.europa.eu/taxation_customs/resources/documents/taxation/com_2011_169_en.pdf.

Convery, F.J., L. Dunne et D. Joyce (2013), « Ireland's Carbon Tax and the Fiscal Crisis : Issues in Fiscal Adjustment, Environmental Effectiveness, Competitiveness, Leakage and Equity Implications », Documents de travail de l'OCDE sur l'environnement, n° 59, Éditions OCDE, Paris, http://dx.doi.org/10.1787/5k3z11j3w0bw-en.

Corfee-Morlot, J. et al., (2012), « Towards a Green Investment Policy Framework: The Case of Low-Carbon, Climate-Resilient Infrastructure », Documents de travail de l'OCDE sur l'environnement, n° 48, Éditions OCDE, Paris, http://dx.doi.org/10.1787/5k8zth7s6s6d-en.

Criscuolo, C. et C. Menon (2014), « Environmental Policies and Risk Finance in the Green Sector: Cross-country Evidence », Documents de travail de l'OCDE sur la science, la technologie et l'industrie, No. 2014/01, Éditions OCDE, Paris, http://dx.doi.org/10.1787/5jz6wn918j37-en.

Criscuolo, C. et al., (2014), « Renewable Energy Policies and Cross-border Investment: Evidence from Mergers and Acquisitions in Solar and Wind Energy », Documents de travail de l'OCDE sur la science, la technologie et l'industrie, n° 2014/03, Éditions OCDE, Paris, http://dx.doi.org/10.1787/5jxv9f3r9623-en.

Dechezleprêtre, A., I. Haščič et N. Johnstone (2015), « Invention and International Diffusion of Water Conservation and Availability Technologies: Evidence from Patent Data », Documents de travail de l'OCDE sur l'environnement, n° 82, Éditions OCDE, Paris, http://dx.doi.org/10.1787/5js679fvllhg-en.

Egli, F., C. Menon et N. Johnstone (à paraître), « Quality and Breakthrough Inventions: The Case of Climate Mitigation Technologies » Documents de travail de l'OCDE sur la science, la technologie et l'industrie, Éditions OCDE, Paris.

Greene, J. et N. A. Braathen (2014), « Tax Preferences for Environmental Goals: Use, Limitations and Preferred Practices », Documents de travail de l'OCDE sur l'environnement, n° 71, Éditions OCDE, Paris, http://dx.doi.org/10.1787/5jxwrr4hkd6l-en.

Harding, M. (2014a), « The Diesel Differential: Differences in the Tax Treatment of Gasoline and Diesel for Road Use », Documents de travail de l'OCDE sur la fiscalité, n° 21, Éditions OCDE, Paris, http://dx.doi.org/10.1787/5jz14cd7hk6b-en.

Harding (2014b), « Personal Tax Treatment of Company Cars and Commuting Expenses: Estimating the Fiscal and Environmental Costs », Documents de travail de l'OCDE sur la fiscalité, n° 21, Éditions OCDE, Paris, http://dx.doi.org/10.1787/5jz14cg1s7vl-en.

Harrison, K. (2013), « The Political Economy of British Columbia's Carbon Tax », Documents de travail de l'OCDE sur l'environnement, n° 63, Éditions OCDE, Paris, http://dx.doi.org/10.1787/5k3z04gkkhkg-en.

Haščič, I. et al., (2015), « Public Interventions and Private Climate Finance Flows: Empirical Evidence from Renewable Energy Financing », Documents de travail de l'OCDE sur l'environnement, n° 80, Éditions OCDE, Paris, http://dx.doi.org/10.1787/5js6b1r9lfd4-en.

Kaminker, C. et al., (2013), « Institutional Investors and Green Infrastructure Investments: Selected Case Studies », Documents de travail de l'OCDE sur la finance, l'assurance et les pensions privées, n° 35, Éditions OCDE, Paris, http://dx.doi.org/10.1787/5k3xr8k6jb0n-en.

Kennedy, C. et J. Corfee-Morlot (2013), « Past performance and future needs for low carbon, climate resilient infrastructure – An investment perspective", Energy Policy, n° 59, pp 773-783, www.sciencedirect.com/science/article/pii/S0301421513002814.

New Climate Economy (2014), New Climate Economy Report, http://newclimateeconomy.report/.

OCDE/CEPAL (2014), Examens environnementaux de l'OCDE : Colombie 2014, Éditions OCDE, Paris, http://dx.doi.org/10.1787/9789264208384-fr.

OCDE/FIT (2013), Une meilleure réglementation des partenariats public-privé des infrastructures de transport, Tables rondes FIT, n° 151, Éditions OCDE, Paris/Forum international des transports, Paris, http://www.oecdbookshop.org/en/browse/title-detail/?ISB=9789282103944.

OCDE (à paraître a), « Overcoming Barriers to International Investment in Clean Energy », Éditions OCDE, Paris, http://dx.doi.org/10.1787/9789264227064-en

OCDE (à paraître b), « System Innovation », Éditions OCDE, Paris

OCDE (à paraître c), « Strengthening Innovation – Policy Strategies and their Implementation », Éditions OCDE, Paris.

OCDE (2015a), « Material resources, Productivity and the Environment », OECD Green Growth Papers, Éditions OCDE, Paris, http://dx.doi.org/10.1787/9789264190504-en.

OCDE (2015b), Etudes économiques de l'OCDE : Indonesia 2015, Éditions OCDE, Paris, http://dx.doi.org/10.1787/eco_surveys-idn-2015-en.

OCDE (2015c), Mapping Channels to Mobilise Institutional Investment in Sustainable Energy, Green Finance and Investment, Éditions OCDE, Paris, http://dx.doi.org/10.1787/9789264224582-en.

OCDE (2015d), Lignes directrices pour l'investissement dans une infrastructure énergétique propre – Faciliter l'accès aux énergies propres en faveur du développement et de la croissance verte, Éditions OCDE, Paris, http://dx.doi.org/10.1787/9789264212664-en.
OCDE (2014a), Green Growth Indicators 2014, Études de l'OCDE sur la croissance verte, Éditions OCDE, Paris, http://dx.doi.org/10.1787/9789264202030-en.
OCDE (2014b), Études économiques de l'OCDE : Australie 2014, Éditions OCDE, Paris, http://dx.doi.org/10.1787/eco_surveys-aus-2012-fr.
OCDE (2014c), Études économiques de l'OCDE Espagne 2014, Éditions OCDE, Paris, http://dx.doi.org/10.1787/eco_surveys-esp-2014-fr.
OCDE (2014d), « Rapport du Comité des politiques d'environnement sur la mise en œuvre de la Recommandation du Conseil sur la productivité des ressources [C(2008)40] », C(2014)148/CORR1.
OCDE (2014e), Le coût de la pollution de l'air : impacts sanitaires du transport routier, Éditions OCDE, Paris, http://dx.doi.org/10.1787/9789264220522-fr.
OCDE (2014f), Études économiques de l'OCDE : Union européenne 2014, Éditions OCDE, Paris, http://dx.doi.org/10.1787/eco_surveys-eur-2014-fr.
OCDE (2014g), Études économiques de l'OCDE : Inde 2014, Éditions OCDE, Paris, http://dx.doi.org/10.1787/eco_surveys-ind-2014-en.
OCDE (2014h), Annual Survey of Large Pension Funds and Public Pension Reserve Funds: Report on Pension Funds' Long-Term Investments, www.oecd.org/daf/fin/private-pensions/2014_Large_Pension_Funds_Survey.pdf.
OCDE (2013a), Prix effectifs du carbone, Éditions OCDE, Paris, http://dx.doi.org/10.1787/9789264197138-fr.
OCDE (2013b), Études économiques de l'OCDE : Autriche 2013, Éditions OCDE, Paris, http://dx.doi.org/10.1787/eco_surveys-aut-2013-fr.
OCDE (2013c), Examens environnementaux de l'OCDE : Italie 2013, Éditions OCDE, Paris, http://dx.doi.org/10.1787/9789264186279-fr.
OCDE (2013d), Études économiques de l'OCDE : Mexique 2013, Éditions OCDE, Paris, http://dx.doi.org/10.1787/eco_surveys-mex-2013-fr.
OCDE (2013e), Études économiques de l'OCDE : Nouvelle-Zélande 2013, Éditions OCDE, Paris, http://dx.doi.org/10.1787/eco_surveys-nzl-2013-fr.
OCDE (2013f), Études économiques de l'OCDE : Afrique du Sud 2013, Éditions OCDE, Paris, http://dx.doi.org/10.1787/eco_surveys-zaf-2013-fr.
OCDE (2013g), Études économiques de l'OCDE : Belgique 2013, Éditions OCDE, Paris, http://dx.doi.org/10.1787/eco_surveys-bel-2013-fr.
OCDE (2013h), Taxing Energy Use: A Graphical Analysis, Éditions OCDE, Paris, http://dx.doi.org/10.1787/9789264183933-en.
OCDE (2013i), Études économiques de l'OCDE : Chine 2013, Éditions OCDE, Paris, http://dx.doi.org/10.1787/eco_surveys-chn-2013-fr.
OCDE (2013j), Études économiques de l'OCDE : France 2013, Éditions OCDE, Paris, http://dx.doi.org/10.1787/eco_surveys-fra-2013-fr.
OCDE (2013k), Études économiques de l'OCDE : Japon 2013, Éditions OCDE, Paris, http://dx.doi.org/10.1787/eco_surveys-jpn-2013-fr.
OCDE (2013l), OECD Investment Policy Reviews: Jordan 2013, Éditions OCDE, Paris, http://dx.doi.org/10.1787/9789264202276-en.
OCDE (2013m), Inventory of Estimated Budgetary Support and Tax Expenditures for Fossil Fuels 2013, Éditions OCDE, Paris, http://dx.doi.org/10.1787/9789264187610-en.
OCDE (2013n), 2013 Green Growth and Sustainable Development Forum summary, OCDE, Paris, http://www.oecd.org/greengrowth/green-development/Summary%20GGSD%202013%20final.pdf.
OCDE (2013o), « Biotechnology for the Environment in the Future: Science, Technology and Policy », OECD Science, Technology and Industry Policy Papers, n° 3, Éditions OCDE, Paris, http://dx.doi.org/10.1787/5k4840hqhp7j-en.
OCDE (2013p), « Nanotechnology for Green Innovation », *OECD Science, Technology and Industry Policy Papers*, n° 5, Éditions OCDE, Paris, http://dx.doi.org/10.1787/5k450q9j8p8q-en.
OCDE (2012a), Meeting the Water Reform Challenge, Études de l'OCDE sur l'eau, Éditions OCDE, Paris, http://dx.doi.org/10.1787/9789264170001-en.
OCDE (2012b) Études économiques de l'OCDE : Australie 2012, Éditions OCDE, Paris, http://dx.doi.org/10.1787/eco_surveys-aus-2012-fr.
OCDE (2012c), Examens environnementaux de l'OCDE : Allemagne 2012, Éditions OCDE, Paris, http://dx.doi.org/10.1787/9789264169388-fr.
OCDE (2012d), Etudes économiques de l'OCDE : Portugal 2012, Éditions OCDE, Paris, http://dx.doi.org/10.1787/eco_surveys-prt-2012-fr.
OCDE (2012e), Etudes économiques de l'OCDE : Pologne 2012, Éditions OCDE, Paris, http://dx.doi.org/10.1787/eco_surveys-pol-2012-fr.
OCDE (2011a), Études économiques de l'OCDE : Belgique 2011, Éditions OCDE, Paris, http://dx.doi.org/10.1787/eco_surveys-bel-2011-fr.
OCDE (2011b), Examens environnementaux de l'OCDE : Israël 2011, Éditions OCDE, Paris, http://dx.doi.org/10.1787/9789264168541-fr.
OCDE (2011c), Études économiques de l'OCDE : Irlande 2011, Éditions OCDE, Paris, http://dx.doi.org/10.1787/eco_surveys-irl-2011-fr.
OCDE (2011d), Études économiques de l'OCDE : Fédération de Russie 2011, Éditions OCDE, Paris, http://dx.doi.org/10.1787/eco_surveys-rus-2011-fr.
Poirier, J., et al., (2015), « The Benefits of International Co-authorship in Scientific Papers: The Case of Wind Energy Technologies », *Documents de travail de l'OCDE sur l'environnement*, n° 81, Éditions OCDE, Paris, http://dx.doi.org/10.1787/5js69ld9w9nv-en.
Roy, R. (2014), « Environmental and Related Social Costs of the Tax Treatment of Company Cars and Commuting Expenses », *Documents de travail de l'OCDE sur l'environnement*, n° 70, Éditions OCDE, Paris., http://dx.doi.org/10.1787/5jxwrr5163zp-en.
Sovereign Wealth Funds Institute (2015), "Sovereign Wealth Fund Ranking", www.swfinstitute.org/fund-rankings/.

1 Sur la base de réponses à un questionnaire de haut niveau soumis au pays de l'OCDE et aux économies partenaires clés en octobre 2014.
2 Sur les 115 publications passées en revue pour réaliser ce rapport – c'est-à-dire celles qui sont parues entre le lancement de la Stratégie pour une croissance verte et le 4 février 2015 – 80 contiennent des recommandations portant sur la croissance verte. L'ensemble des examens représente 310 recommandations pertinentes. Les *Études économiques* sont consultables à www.oecd.org/eco/surveys/; *les Examens des politiques de l'environnement* à www.oecd.org/enf/country-reviews/ et les Examens des politiques de l'investissement. Les *Examens des politiques de l'innovation* ont aussi été prises en compte, mais cette série ne contient pas de recommandations sur les questions de croissance verte : www.oecd.org/science/inno/oecdreviewsofinnovationpolicy.htm.
3 www.whitehouse.gov/the-press-office/2014/11/11/us-china-joint-announcement-climate-change.
4 Il n'existe pas d'informations suffisantes pour indiquer dans quelle proportion ces coûts sont imputables au transport routier, mais celle-ci est probablement considérable.
5 Base de données de l'OCDE sur les instruments utilisés pour la politique de l'environnement.
6 L'OCDE s'attache actuellement à analyser la structure et le niveau des taxes sur la consummation d'énergie dans ses pays membres et les pays partenaires. Le résultat de ces travaux paraîtra en 2015 à l'occasion d'une mise à jour de la publication OCDE (2013), *Taxing Energy Use: A Graphical Analysis*, Éditions OCDE, Paris.
7 Au total, 26 des 34 pays de l'OCDE sont étudiés dans Harding (2014), « Personal Tax Treatment of Company Cars and Commuting Expenses: Estimating the Fiscal and Environmental Costs », *Documents de travail de l'OCDE sur la fiscalité*, n° 21, Éditions OCDE, Paris. Par exemple, les voitures de fonction représentent environ un cinquième du parc de voitures particulières en Belgique (*Études économiques de l'OCDE : Belgique 2011*), environ la moitié des véhicules neufs en Pologne et un tiers des véhicules nouvellement mis en circulation en Allemagne et au Mexique (*Études économiques de l'OCDE : Pologne 2012 ; Études économiques de l'OCDE : Allemagne 2012; Études économiques de l'OCDE : Mexique 2013*).
8 Une version à jour de l'inventaire (à paraître en 2015) prendra également en compte six pays partenaires de l'OCDE : l'Afrique du Sud, le Brésil, la Chine, l'Inde, l'Indonésie et la Russie.
9 À l'exception des véhicules. Ces chiffres ne tiennent pas compte non plus des investissements dans le secteur de la construction.

CHAPITRE 3

RÉEXAMINER LA STRATÉGIE POUR UNE CROISSANCE VERTE

Ce chapitre passe en revue un volume considérable de travaux de l'OCDE sur la croissance verte entrepris depuis la publication de la Stratégie pour une croissance verte de 2011, et représentant plus de 130 ouvrages de l'OCDE abordant des problématiques et des secteurs particuliers dans quasiment tous les domaines pertinents de l'action publique. Sur la base de ces travaux, ainsi que de l'expérience des pays à ce jour (chapitre 2), le chapitre propose cinq améliorations qui pourraient être apportées à la Stratégie pour une croissance verte afin de faciliter sa mise en œuvre au niveau national, d'impulser un nouvel élan et une nouvelle orientation aux efforts menés par les pays, et de définir un cadre actualisé pour guider l'action des pouvoirs publics. En conclusion, le chapitre suggère un certain nombre de priorités pour les travaux à venir dans le domaine de la croissance verte, à l'intention des gouvernements, de l'OCDE et d'autres institutions concernées.

Les travaux menés depuis 2011 pointent vers un certain nombre d'améliorations qui pourraient être apportées à la Stratégie pour une croissance verte. La priorité consiste à mieux comprendre les liens entre les objectifs économiques et environnementaux et à mettre davantage l'accent sur la confiance du public dans les réformes.

La Stratégie pour une croissance verte en 2015 : renforcer les recommandations d'orientation générale de l'OCDE en matière de croissance verte. Depuis le lancement de la Stratégie pour une croissance verte, l'OCDE a considérablement étoffé ses travaux dans ce domaine, conformément au programme de travail proposé en 2011. L'Organisation a publié plus de 130 ouvrages abordant des problématiques et des secteurs particuliers sous l'angle de la croissance verte, qui couvrent quasiment tous les domaines pertinents de l'action publique. Ce chapitre examine les travaux d'analyse réalisés depuis 2011 et les possibilités de les mettre à profit pour actualiser et enrichir la Stratégie. À quoi ressemble une stratégie « globale » visant à préserver le capital naturel tout en stimulant la croissance économique en 2015, sachant que les travaux sur la conception des politiques de croissance verte se poursuivent ? Ce chapitre situe les travaux menés depuis 2011 par rapport aux conseils formulés à l'époque, en procédant selon les quatre grands axes esquissés dans la Stratégie pour une croissance verte. Il propose une réflexion sur les possibilités d'utiliser l'expérience acquise par les pays depuis 2011 (exposée au chapitre 2) pour éclairer la stratégie, afin de faciliter sa mise en œuvre au niveau national. Le but est d'impulser un nouvel élan et une nouvelle orientation aux efforts menés par les pays, et de définir un cadre actualisé pour guider les travaux des pouvoirs publics.

CONSEILS SUR LA CROISSANCE VERTE DANS LES DIFFÉRENTS SECTEURS DE L'ÉCONOMIE : LES TRAVAUX MENÉS DEPUIS 2011

Quels sont les progrès réalisés depuis 2011 dans l'analyse de la croissance verte ? Le tableau 3.1 rend compte des principaux résultats des travaux analytiques réalisés par l'OCDE depuis 2011. Pour commencer, il passe en revue les travaux menés pour appuyer l'alignement des objectifs en matière de croissance et d'environnements. Il s'en dégage des constats analytiques utiles pour aider les gouvernements à mieux cerner les relations, complémentarités et arbitrages entre les objectifs économiques et environnementaux et commencer à apporter des réponses à un certain nombre de questions, concernant par exemple les répercussions – pour autant qu'il y en ait – de la réglementation environnementale sur la croissance économique et les effets en retour probables de la dégradation de l'environnement sur l'économie. Le chapitre aborde ensuite les cadres d'action stratégique pour la croissance verte. Un certain nombre de travaux visant à fournir des indications plus ciblées sur les possibilités de rendre la croissance plus verte en intervenant dans des secteurs et sur des problématiques spécifiques avancent. C'est le cas, entre autres, de ceux consacrés aux coûts et aux avantages de différents instruments politiques (mécanismes de tarification, subventions vertes) et à l'accélération de la réforme des subventions aux énergies fossiles. Il est nécessaire de redoubler d'efforts dans d'autres domaines.

Les travaux analytiques sur les implications de la croissance verte sur le plan social et de l'emploi – qui sont examinés dans un troisième temps – ont beaucoup moins retenu l'attention. Ils ont été consacrés surtout aux compétences et aux questions avec une portée locale, même si certains ont porté sur les effets redistributifs des taxes énergétiques et la modélisation des possibles effets économiques de la réforme des subventions aux combustibles fossiles sur les ménages les plus modestes. Le Forum de l'OCDE sur la croissance verte et le développement durable a examiné en 2014 les répercussions sociales de la croissance verte, domaine où l'analyse de celle-ci présente des lacunes. D'autres travaux ont porté sur les possibles incidences des réformes sur la compétitivité et sont également décrits. Le chapitre examine en dernier les travaux sur les indicateurs de croissance verte. Le développement des indicateurs de croissance verte de l'OCDE se poursuit après la publication de l'ouvrage *Green Growth Indicators 2014* (OECD, 2014a), qui actualise le premier ensemble d'indicateurs défini dans le cadre de la Stratégie de 2011.

TABLEAU 3.1 – ÉVOLUTION DU TRAVAIL D'ANALYSE DE L'OCDE SUR LA CROISSANCE VERTE 2011-15

1. ALIGNER LES OBJECTIFS DE CROISSANCE ET D'ENVIRONNEMENT

Conseils formulés dans la Stratégie pour une croissance verte de 2011

- **Orienter les grands axes de la politique économique pour renforcer la complémentarité entre croissance et conservation du capital naturel**
  - Déterminer les priorités environnementales au niveau des pays : évaluer la situation de l'environnement et les risques environnementaux à long terme, ainsi que les solutions et les domaines d'intervention à moindre coût, en s'appuyant sur une analyse coûts-avantages
  - Relier les objectifs environnementaux et les priorités des réformes économiques afin d'atteindre les objectifs de croissance verte
  - Ancrer la croissance verte dans les ministères clés chargés des questions économiques et promouvoir la coordination transversale
  - S'attaquer aux obstacles à l'innovation et à l'investissement verts.

Nouveaux conseils depuis 2011

- **Une sévérité accrue des politiques environnementales ne nuit pas à la productivité ; en fait, le durcissement de ces politiques est suivi d'une accélération de la croissance de la productivité à court terme,** et l'effet net à moyen terme est négligeable. Les instruments économiques ont tendance à avoir un effet positif plus vigoureux sur la croissance de la productivité (Albrizio, Koźluk et Zipperer, 2014).
  - **Depuis 1990-2012,** les politiques environnementales des pays de l'OCDE sont devenues plus rigoureuses, comme le montre un nouvel indicateur de sévérité de ces politiques. Cela n'a pas eu d'effet négatif sur la croissance (Botta et Koźluk, 2014),

- **L'inaction face à la dégradation de l'environnement et du capital naturel aura vraisemblablement des répercussions significatives sur la croissance économique dans les décennies à venir ;** par exemple, il ressort des projections que l'impact du seul changement climatique sur le produit intérieur brut (PIB) mondial augmentera à un rythme supérieur à celui de la croissance, provoquant une perte de PIB qui ira en s'amplifiant (Dellink et al., 2014).
  - perte de PIB mondial provoquée par les effets modélisés limités du changement climatique d'ici à 2060 de **1-3.3%** selon les projections, avec des disparités beaucoup plus marquées des impacts selon les secteurs et les régions

- **Le coût économique de la pollution atmosphérique, en termes d'années de vie perdues et de morbidité, est beaucoup plus élevé qu'on le pensait auparavant** (OCDE, 2014b)
  - coût estimé à **1 700 milliards USD** dans les pays de l'OCDE en 2010, imputable pour moitié environ à la pollution engendrée par le transport routier
  - coût estimé à t **1 300 milliards USD** en Chine et 500 milliards USD en Inde
  - coût social de la pollution de l'air extérieur dans la zone de l'OCDE estimé à **4 % du PIB** en moyenne et pouvant atteindre 10 %
  - coût social estimé à **12 % du PIB** en Chine et **9 % du PIB** en Inde, 2005
  - **augmentation de 4 %** des décès prématurés provoqués par la pollution de l'air extérieur dans le monde, 2005-10.

- **Il est possible d'améliorer grandement les évaluations ex ante et ex post des projets de mesure (et d'investissement) en utilisant davantage et mieux les analyses coûts-avantages, y compris l'évaluation économique des externalités environnementales** (travaux de l'OCDE à paraître).
  - Plusieurs pays ont défini des orientations claires pour l'application d'analyses coûts-avantages aux projets d'investissement dans les domaines de l'énergie et des transports, mais ils sont beaucoup moins nombreux à avoir fait de même pour l'évaluation ex ante des politiques, et quasiment aucun n'en a défini pour l'évaluation ex post des politiques ou projets.
  - La « valeur d'une vie statistique » devrait entrer en ligne de compte dans l'évaluation de projets dans lesquels les impacts en termes de mortalité jouent un rôle important (OCDE, 2012a).

2. METTRE EN ŒUVRE LES CADRES STRATÉGIQUES NÉCESSAIRES À LA CROISSANCE VERTE

Un arsenal de mesures pour faire payer la pollution et encourager l'utilisation efficace des ressources

Conseils formulés dans la Stratégie pour une croissance verte de 2011

- **Mettre en place les éléments suivants :**
  - **Instruments tarifaires** pour agir à grande échelle au moindre coût ; efficacité et innovation (permis échangeables, taxes)
    - **Tarifier la pollution, encourager une utilisation efficace des ressources ainsi que l'innovation, et stimuler la croissance** en augmentant la fiscalité liée à l'environnement et en allégeant les taxes plus distorsives (sur le travail, par exemple), de façon à favoriser l'assainissement des finances publiques
    - **Privilégier la taxation directe de la pollution** (émissions de carbone, par exemple) par rapport à celle des intrants ou extrants des activités préjudiciables à l'environnement dans un souci d'efficacité économique.
  - **Réglementation** prévoyant des incitations à l'appui de la croissance verte (normes d'émissions, économies d'énergie)
  - **Subventions** en faveur des technologies, des pratiques et des produits verts ; **réforme des subventions des combustibles fossiles**
  - **Éliminer les subventions préjudiciables à l'environnement** pour rééquilibrer les incitations en faveur des pratiques et produits respectueux de l'environnement
  - **Information** des consommateurs pour influer sur les comportements.

Nouveaux conseils depuis 2011

- **Les données empiriques corroborent l'affirmation classique selon laquelle les instruments de tarification (permis négociables, taxes) permettent de réduire les émissions de carbone avec un meilleur rapport coût-efficacité que d'autres moyens politiques** (OCDE, 2013a), même s'il faut aussi tenir compte des objectifs complémentaires de ces derniers (développement et démonstration de technologies, réduction des coûts...)
  - **15 pays et 5 secteurs ont été étudiés** (production d'électricité, transport routier, pâtes à papier et papier, ciment et consommation d'énergie des ménages)
- **Dans beaucoup de pays, la structure et le niveau des taxes frappant la consommation d'énergie – qui représentent 72 % des recettes des taxes liées à l'environnement dans la zone OCDE – ne sont pas cohérents d'un point de vue environnemental.** On peut donc penser qu'il existe d'importantes possibilités de réformer les dispositifs à peu de frais qui n'ont pas encore été exploitées (OCDE, 2013b).

  - Dans **33 pays de l'OCDE sur 34,** le gazole est moins taxé que l'essence, alors que ses externalités environnementales et sociales sont plus importantes (Harding, 2014a)

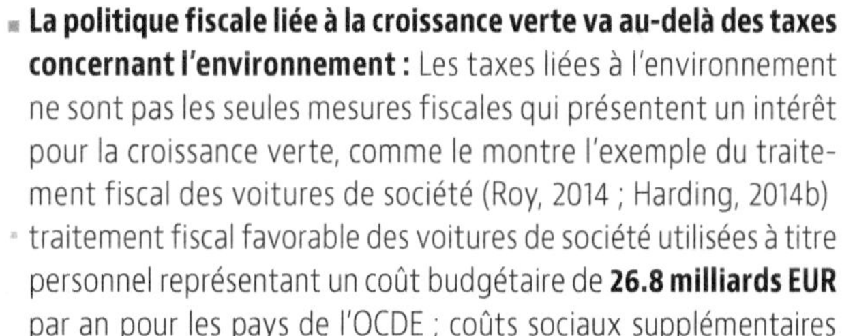

- **La politique fiscale liée à la croissance verte va au-delà des taxes concernant l'environnement :** Les taxes liées à l'environnement ne sont pas les seules mesures fiscales qui présentent un intérêt pour la croissance verte, comme le montre l'exemple du traitement fiscal des voitures de société (Roy, 2014 ; Harding, 2014b)
  - traitement fiscal favorable des voitures de société utilisées à titre personnel représentant un coût budgétaire de **26.8 milliards EUR** par an pour les pays de l'OCDE ; coûts sociaux supplémentaires de 116 milliards EUR liés entre autres à la pollution locale accrue
- **Les avantages fiscaux (taux d'imposition réduits, exonérations...) ne sont pas d'un grand secours pour lutter contre les externalités environnementales négatives ;** il convient de leur préférer des taxes environnementales.
  - Ces avantages peuvent en revanche servir à favoriser des externalités positives (production d'avantages sociaux additionnels, par exemple grâce au soutien public à la recherche et au développement [R-D]) (Greene et Braathen, 2014).
- **Un peu partout dans le monde, les énergies fossiles continuent de bénéficier de mesures de soutien de grande ampleur préjudiciables à l'environnement et incongrues dans une optique de croissance verte,** qui engloutissent chaque année 640 milliards USD de fonds publics (OCDE, 2013c ; AIE, 2014a)
  - **Plus de 550** mesures soutenant la consommation ou la production de combustibles fossiles – transferts directs, prise en charge de risques et privilèges fiscaux – ont été recensées dans les pays de l'OCDE, pour un coût total de **90 milliards USD** par an.
  - Les pays émergents et en développement ont consacré à eux seuls **550 milliards USD** aux mesures de soutien de la consommation, d'après les estimations.

2. METTRE EN ŒUVRE LES CADRES STRATÉGIQUES NÉCESSAIRES À LA CROISSANCE VERTE

Orienter les politiques sectorielles et thématiques dans le sens de la croissance verte

Conseils formulés dans la Stratégie pour une croissance verte de 2011	Nouveaux conseils depuis 2011
Aligner les politiques sectorielles pour les mettre au service d'une croissance verte et éliminer les obstacles ou distorsions découlant le cas échéant des dispositifs en place	**Les cadres d'action aujourd'hui en place présentent plusieurs défauts d'alignement qui freinent la transition vers une économie sobre en carbone, ce qui montre bien la nécessité pour les gouvernements de se pencher sur l'ensemble des domaines d'action pour mettre en place une croissance verte (OCDE, à paraître a)** • Les défauts d'alignement mis en évidence concernent l'action dans les domaines de l'investissement, de la fiscalité, de l'innovation et des échanges internationaux, ainsi que les politiques ciblant des aspects particuliers comme les systèmes électriques, la mobilité urbaine et l'aménagement rural.
INVESTISSEMENT ET FINANCEMENT	
Accroître l'investissement dans les infrastructures vertes par des politiques à long terme qui signalent clairement la nécessité de réduire la pollution et d'améliorer l'efficacité d'utilisation des ressources, et par des mesures facilitant les investissements des grands investisseurs institutionnels	**Le défi de l'investissement vert consiste peut-être davantage à diriger les investissements vers les infrastructures idoines qu'à débloquer un volume significatif de capitaux additionnels (OCDE, 2013d).** • **2 000 milliards USD** investis chaque année dans les infrastructures (énergie, eau et transports, véhicules non compris) ; **1 200 milliards USD** d'investissements annuels supplémentaires d'ici à 2030 pour soutenir le développement et maintenir les capacités et le niveau de service actuels des infrastructures • **450 milliards USD, soit l'équivalent de 14 %** des investissements d'après les estimations, en gains d'efficacité systémique découlant des investissements verts (Kennedy et Corfee-Morlot, 2013) • **44 000 milliards USD** d'investissements additionnels nécessaires pour décarboner le système énergétique, conformément aux objectifs climatiques internationaux, permettant de réaliser des économies de **71 000 milliards USD** d'ici à 2050 (AIE, 2014b). **Étant donné l'ampleur des investissements requis et les pressions qui pèsent actuellement sur les finances publiques, l'engagement du secteur privé est primordial (OCDE, 2015a).** • Il faut revoir les règlements et les politiques qui peuvent avoir un effet restrictif sur l'investissement dans les infrastructures vertes, créer des instruments de placement offrant les ratios risque-rendement requis (OCDE, 2015b), promouvoir le dialogue et la concertation entre investisseurs et pouvoirs publics, et compiler et mettre en commun les données nécessaires pour évaluer le risque et le rendement des investissements dans les infrastructures vertes (Kaminker et al., 2013), ainsi que de mettre en place les éléments clés d'une politique de croissance verte (par exemple, tarifier la pollution et l'utilisation des ressources naturelles, éliminer les subventions aux combustibles fossiles, renforcer les politiques de base en matière d'investissement et de concurrence). **Les investisseurs institutionnels représentent une source de financement prometteuse, mais investissent peu aujourd'hui dans les projets d'infrastructures vertes en raison de difficultés qui leur sont propres:** manque de connaissances spécialisées en matière d'investissement infrastructurel direct, limitation de la diversification et de l'exposition, taille minimum requise pour les projets. • **93 000 milliards USD** d'actifs étaient détenus en 2013 par les investisseurs institutionnels – compagnies d'assurance, fonds d'investissement, fonds de pension, etc. – dans les pays de l'OCDE (OCDE, 2015b) ; seulement 1 % des actifs des grands fonds de pension étaient affectés directement à des projets d'infrastructure, et seulement **3 % de cette fraction de 1 %** correspondaient à des infrastructures vertes.

2. METTRE EN ŒUVRE LES CADRES STRATÉGIQUES NÉCESSAIRES À LA CROISSANCE VERTE INVESTISSEMENT ET FINANCEMENT

Stratégie pour une croissance verte de 2011	Nouveaux conseils depuis 2011
	▪ **Des politiques sont nécessaires pour remédier aux difficultés particulières auxquelles sont confrontés les investisseurs institutionnels (OCDE, 2015b).** ▪ Parmi les mesures envisageables pour stimuler de nouveaux investissements, il est possible d'adopter une stratégie et une feuille de route pour les infrastructures nationales, de faciliter le développement et l'application de facteurs d'atténuation des risques, de réduire les coûts de transaction des investissements énergétiques durables et de créer une banque spécialisée dans l'investissement vert.

INNOVATION

Stratégie pour une croissance verte de 2011	Nouveaux conseils depuis 2011
▪ **Stimuler l'innovation pour aider à découpler la croissance et l'épuisement des ressources naturelles, créer de nouvelles sources de croissance et rechercher de nouvelles parades face aux risques environnementaux, au travers de politiques répondant aux critères suivants :** ▪ Tarifier les externalités environnementales ▪ S'attaquer aux facteurs qui entravent les premiers stades du développement, de la démonstration et du déploiement des technologies, au moyen d'aides ciblées et des mesures agissant sur la demande (réglementation, marchés publics) ▪ Tenir compte des besoins des nouveaux entrepreneurs et des petites et moyennes entreprises (PME) ▪ Accélérer la diffusion et l'adoption de technologies vertes	▪ **La politique en faveur de l'innovation devrait être fondamentalement neutre sur le plan technologique, mais il est important de la compléter par des mesures de soutien direct ciblées.** ▪ Si les critères de sélection de domaines technologiques particuliers doivent faire l'objet d'une recherche plus approfondie, il ressort des premiers travaux qu'une large applicabilité économique des technologies dans divers secteurs est un indicateur important pour les gouvernements qui, ne disposant pas de budgets infinis, souhaitent créer des incitations en faveur de technologies particulières (Egli, Menon and Johnstone, à paraître). ▪ **Dès lors qu'elles ne sont pas généreuses au point de susciter des inquiétudes quant à la viabilité des finances publiques, les politiques ciblées axées sur l'offre et les mesures agissant sur la demande favorisent l'apport de financements plus importants aux entreprises engagées dans l'innovation verte** – entreprises qui ont souvent du mal à accéder aux financements en raison du manque de maturité des marchés qui est synonyme de risque économique accru, d'incertitudes réglementaires qui font craindre des modifications des politiques environnementales, etc. – que des mesures budgétaires à plus court terme comme les incitations fiscales et les crédits d'impôt (Criscuolo et Menon, 2014). Elles peuvent aussi renforcer les opérations de fusion et acquisition dans les secteurs pertinents, ce qui est de nature à stimuler les financements (Criscuolo et al., 2014). ▪ **Les nouvelles entreprises jouent un rôle important dans la production d'innovations radicales qui défient les entreprises en place ; des interventions des pouvoirs publics s'imposent pour soutenir la montée en puissance de nouveaux modèles économiques et faciliter l'entrée, la sortie et la croissance des nouvelles entreprises,** notamment en garantissant une concurrence loyale et en simplifiant l'accès au financement (Beltramello, Haie-Fayle et Pilat, 2013). ▪ L'ouverture sur la frontière technologique mondiale est primordiale pour maximiser les avantages de l'innovation verte. ▪ Cela recouvre la coopération internationale en matière de recherche scientifique (Poirier et al., 2015) et une attitude ouverte à l'égard du transfert de technologie (Dechezleprêtre, Haščič et Johnstone, 2015). La coopération entre les pays de l'OCDE et les économies partenaires atteint un degré d'intensité significatif et engendre d'importants avantages en termes de biens publics mondiaux et régionaux.

2. METTRE EN ŒUVRE LES CADRES STRATÉGIQUES NÉCESSAIRES À LA CROISSANCE VERTE ÉCHANGES ET INVESTISSEMENT DIRECT ÉTRANGER

Stratégie pour une croissance verte de 2011	Nouveaux conseils depuis 2011
▪ **Respecter les principes juridiques de base régissant les échanges et l'investissement, par exemple en s'abstenant de prendre des mesures protectionnistes telles que des exigences de contenu local,** afin de faciliter le développement et la diffusion mondiale de technologies vertes et les nécessaires flux d'investissements directs étrangers	▪ **Les politiques visant à favoriser les producteurs nationaux dans les secteurs des énergies renouvelables et des véhicules électriques se multiplient, en particulier dans les pays non-membres de l'OCDE, et représentent un obstacle aux échanges internationaux et à l'investissement dans le domaine des infrastructures vertes.** Les exigences de contenu local, par exemple, augmentent le coût des technologies énergétiques propres et freinent leur pénétration sur les marchés ; d'autres politiques devraient être privilégiées (mesures agissant sur l'environnement réglementaire et celui des entreprises, ainsi que sur les obstacles aux échanges et à l'investissement, et mesures aidant les producteurs nationaux à trouver le moyen de s'intégrer aux chaînes de valeur mondiales) (Bahar, Egeland et Steenblik, 2013 ; OCDE, 2015c, à paraître b). · **21** mesures instituant des exigences de contenu local en rapport avec les énergies renouvelables ont été appliquées ou sont à l'étude dans les pays de l'OCDE et les économies émergentes depuis la crise financière. · **Plusieurs** différends émanant des exigences de contenu local visant l'énergie solaire et éolienne ont été portés devant l'Organisation mondiale du commerce depuis 2010.policies are needed to advance the transition across energy technologies (IEA, 2014d).

ÉNERGIE

Stratégie pour une croissance verte de 2011	Nouveaux conseils depuis 2011
▪ **Assurer la transition du système énergétique et prévenir sa dépendance à l'égard des infrastructures polluantes et à forte intensité de carbone,** grâce à des politiques stimulant le déploiement d'un éventail de technologies énergétiques durables	▪ **La contribution de tous les secteurs et un éventail de technologies seront nécessaires pour transformer les approvisionnements énergétiques et la consommation finale d'énergie** et répondre ainsi tout à la fois aux incidences environnementales liées à l'énergie, aux problèmes de coûts et de sécurité énergétiques et à la hausse de la demande d'énergie. La maîtrise de l'énergie (38 %), les énergies renouvelables (30 %) et le captage et le stockage du carbone (14 %) sont les principaux facteurs de réduction des émissions mondiales selon un scénario à 2050, mais l'énergie nucléaire, les substitutions interénergétiques dans les utilisations finales demeurent essentiels, tout comme l'amélioration de l'efficacité et le remplacement des combustibles dans la production d'électricité (AIE, 2014b).Les projections sont les suivantes : · Hausse de **70 %** de la demande mondiale d'énergie entre 2011 et 2050 en cas de politiques inchangées, avec à la clé une progression de **60 %** des émissions de carbone associées · **25 %** de croissance de la demande énergétique d'ici à 2050 par rapport à 2011dans l'hypothèse d'une action stratégique des gouvernements compatible avec un système énergétique durable, assorti d'une baisse des émissions de **50 %**.

Figure 1.3 Contributions to annual emissions reductions between the 6DS and 2DS

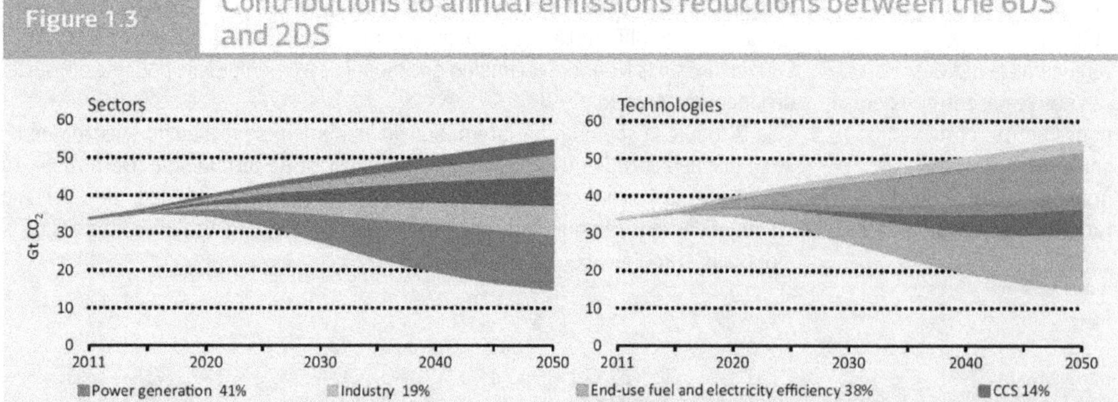

TABLEAU 3.1 – ÉVOLUTION DU TRAVAIL D'ANALYSE DE L'OCDE SUR LA CROISSANCE VERTE 2011-15

2. METTRE EN ŒUVRE LES CADRES STRATÉGIQUES NÉCESSAIRES À LA CROISSANCE VERTE

ÉNERGIE

Stratégie pour une croissance verte de 2011	Nouveaux conseils depuis 2011

Nouveaux conseils depuis 2011 :

- **Les engagements politiques et financiers en faveur de la viabilité à long terme du système énergétique mondial sont insuffisants ;** certes, le déploiement de panneaux solaires photovoltaïques, d'éoliennes terrestres et de véhicules électriques s'accélère fortement, mais la production d'électricité à partir de charbon continue d'augmenter plus rapidement que celle de toutes les filières renouvelables confondues, la production d'énergie nucléaire stagne et le développement du captage et du stockage du carbone demeure trop lent ; une série d'interventions des pouvoirs publics s'impose pour donner un coup d'accélérateur au progrès dans les différentes filières énergétiques.
  - **5.5 %** de croissance par an de la production d'électricité d'origine renouvelable entre 2006 et 2013, contre 3 % par an sur 2000-06 ; 40 % de croissance projetée entre 2013 et 2018 (**+5.8 %** par an) (AIE, 2014c)
  - **50 %** d'augmentation des ventes de véhicules électriques sur 2012-13
  - **52 %** d'augmentation de la production d'électricité à partir de charbon sur 2000-11, comparé à **25 %** environ pour la production électrique à partir de sources non fossiles
  - **7 %** de recul de la production mondiale d'électricité nucléaire sur 2011-12
  - **55 millions de tonnes** de carbone stockées jusqu'à présent dans des sites faisant l'objet d'une surveillance ; 226 millions de tonnes devront être captées et stockées chaque année jusqu'en 2025 dans le cadre d'un scénario de système énergétique durable.

- **Pour les pouvoirs publics, les possibilités d'action prioritaires concernent l'innovation, l'amélioration radicale de l'efficacité énergétique et la mise en œuvre de stratégies pour les énergies de réseau** (OCDE, 2012b), mais des politiques adaptées sont nécessaires pour promouvoir la transition dans les différentes filières énergétiques (AIE, 2014d).

TRANSPORT

Stratégie pour une croissance verte de 2011 :

- **L'investissement dans les infrastructures de transport façonnera durablement l'activité et la demande ;** les politiques doivent être guidées par des analyses coûts-avantages rigoureuses tenant compte des incidences économiques, environnementales et sociales à long terme

Nouveaux conseils depuis 2011 :

- **Une harmonisation des politiques s'impose pour maîtriser l'étalement urbain, relever les prix des carburants et donner la priorité à l'expansion des infrastructures de transports publics ;** l'intégration et l'alignement des politiques sont aussi des plus efficaces pour atteindre les objectifs climatiques et de santé publique (OCDE/FIT, 2015). Les projections sont les suivantes :
  - **240 % à 450 %** d'augmentation du transport des personnes dans les pays non-membres de l'OCDE d'ici à 2050
  - **230 % à 420 %** d'augmentation du volume mondial des transports de marchandises par voie routière et ferroviaire d'ici à 2050
  - **30 % à 40 %** de baisse possible des émissions de CO_2 grâce à l'application de politiques en faveur des transports publics dans les villes d'Amérique latine, de Chine et d'Inde.

2. METTRE EN ŒUVRE LES CADRES STRATÉGIQUES NÉCESSAIRES À LA CROISSANCE VERTE

TRANSPORT

Stratégie pour une croissance verte de 2011	Nouveaux conseils depuis 2011
▪ **Pour réduire l'intensité carbone des déplacements, il conviendrait dans un premier temps d'abaisser la consommation de carburant des moteurs classiques,** pour ensuite adopter progressivement des technologies, types de carburants et sources d'énergie de substitution	▪ **Les pouvoirs publics ont un rôle de premier plan à jouer** en finançant les infrastructures, en subventionnant les nouvelles technologies (dans un premier temps), en garantissant les investissements (partage des risques) et en assurant la stabilité nécessaire pour donner confiance aux investisseurs par des messages clairs et cohérents (OCDE/FIT, 2015). ▪ **20-25 % du PIB** investis dans les transports ; cette proportion est en baisse dans les pays développés et en hausse dans les économies émergentes. ▪ **Les grands investisseurs institutionnels** comme les fonds de pension et les fonds souverains, qui détiennent des engagements à long terme et sont peu enclins à prendre des risques, sont idéalement placés pour investir dans des infrastructures de transport.

AGRICULTURE

Stratégie pour une croissance verte de 2011	Nouveaux conseils depuis 2011
▪ **Évaluer et éliminer les subventions agricoles qui vont à l'encontre des objectifs de croissance verte** (par exemple, en faussant des signaux qui autrement auraient pour effet d'améliorer la productivité agricole mondiale)	▪ **Des indicateurs de croissance verte spécialement adaptés sont nécessaires pour aider à suivre la transition vers un secteur agricole sobre en carbone et économe en ressources.** ▪ **25 indicateurs préliminaires** sont utilisés pour suivre les progrès sur la voie de la croissance verte en agriculture (OCDE, 2015c). ▪ **Les pays de l'OCDE progressent dans la réduction des subventions agricoles** (OCDE, 2013e), avec pour résultat ▪ une baisse de **85 %** en **1990-92 à 49 %** en 2009-12 de la part des subventions les plus dommageables dans le soutien agricole total est passée de ; parallèlement, celle des formes de soutien les plus bénéfiques pour l'environnement est passée de 1 % à 8 %. ▪ **Des investissements continus à long terme dans l'innovation et la R-D sont essentiels** pour améliorer la productivité agricole, réduire les impacts environnementaux et accroître la compétitivité (OCDE, 2013e) ▪ **Les mesures de conseil, de formation et de vulgarisation sont primordiales pour soutenir la transition vers une agriculture durable** – avec à la clé des améliorations en termes de retour sur investissement, de productivité et de performances environnementales (OCDE, à paraître c). ▪ **Les mesures doivent être ciblées et leurs objectifs à l'intérieur de la panoplie de mesures clairement définis** – crédibilité, pertinence et services professionnels actualisés et perspicaces portant sur le conseil, la formation et la vulgarisation sont les éléments indispensables pour convaincre les agriculteurs d'adopter des pratiques favorisant la croissance verte.

2. METTRE EN ŒUVRE LES CADRES STRATÉGIQUES NÉCESSAIRES À LA CROISSANCE VERTE

EAU

Stratégie pour une croissance verte de 2011	Nouveaux conseils depuis 2011
▪ **Protéger et remettre en état les masses d'eau superficielles et souterraines, et assurer un accès approprié de la population à l'eau potable et à l'assainissement, par l'investissement dans les infrastructures de l'eau et la réduction des rejets polluants** (grâce à l'épuration des eaux usées et à la prise en compte des questions de qualité de l'eau dans les politiques agricoles et celles visant d'autres secteurs)	▪ **Un financement durable est essentiel pour assurer la viabilité écologique des écosystèmes aquatiques, atténuer l'impact des inondations et des sécheresses et maximiser l'accès à l'approvisionnement en eau et à l'assainissement.** Plusieurs pays ont progressé dans le domaine des mécanismes de financement (tarifs, redevances d'utilisation et de pollution, marchés de l'eau…). D'autres mesures sont nécessaires pour, entre autres, mobiliser des financements privés, surmonter les difficultés liées à la gouvernance multiniveaux et mettre en phase les politiques de l'eau et autres politiques sectorielles (politiques énergétiques, agro-environnementales, etc.) (OCDE, 2012c). · **0.35-1.2 % du PIB** par an en investissement nécessaire à la modernisation et la remise à niveau des infrastructures de l'eau dans les pays de l'OCDE au cours des 20 prochaines années · **54 milliards USD** devront être investis chaque année pour maintenir les services existants dans les pays en développement ; **18 milliards USD** supplémentaires seront nécessaires pour accroître l'accès à un approvisionnement en eau amélioré · L'agriculture représente **70 %** de la consommation d'eau mondiale ; des politiques sont nécessaires pour profiter de solutions avantageuses sur toute la ligne et concilier au mieux la demande en eau de l'agriculture et celle des autres secteurs, y compris au moyen de mécanismes d'allocation de l'eau (OCDE, 2015d).
▪ **Le recouvrement durable des coûts** peut aider à répondre aux besoins en matière d'infrastructures de l'eau	▪ **Des approches innovantes en matière de gestion de l'eau en zone urbaine peuvent améliorer la sécurité et les services de l'eau pour un coût économique, social et environnemental réduit au minimum.** Cela consiste par exemple à faire appel à des surfaces perméables pour limiter le ruissellement des eaux de pluie et faciliter la recharge des aquifères, ou encore à protéger les aires de captage contre la pollution dans le cadre de partenariats entre les villes et les zones rurales. 

BIODIVERSITÉ ET ÉCOSYSTÈMES

Stratégie pour une croissance verte de 2011	Nouveaux conseils depuis 2011
▪ **Gérer de façon durable les terres et les sols pour aider à sauvegarder leurs fonctions écosystémiques et concilier au mieux les demandes concurrentes** par l'intégration de la planification de l'occupation des sols et de l'aménagement territorial, une gouvernance appropriée et la prise en compte des questions de biodiversité dans les politiques économiques et sectorielles, ainsi que par la mise en œuvre d'instruments de politique adaptés (réseaux d'aires protégées, droits de propriété…)	▪ **En cas de politiques inchangées, l'érosion et la dégradation de la biodiversité se poursuivront** d'après les projections sous l'effet de plusieurs facteurs : changements d'affectation des terres, exploitation des forêts, mise en place d'infrastructures, empiètement et morcellement des habitats, pollution et changement climatique (OCDE, 2012d). · **10 %** de recul projeté de la biodiversité mondiale entre 2010-50 ▪ **Des outils réglementaires plus ambitieux et efficaces pour la biodiversité, notamment ceux qui génèrent un financement et mobilisent le secteur privé, sont essentiels pour aider à concilier conservation et utilisation durable.** La réforme de la fiscalité environnementale, les paiements pour services écosystémiques, la compensation des atteintes à la biodiversité et les marchés de produits verts, contribuent à la réalisation de ces objectifs (OCDE, 2013f, à paraître d) ; l'instrument approprié devra être choisi en fonction de la nature du problème environnemental et des facteurs d'érosion de la biodiversité à l'œuvre. Parmi les réalisations à cette date : · **6 milliards USD** par an découlant des cinq plus grands programmes de PSE ; plus de **300** programmes PSE mis en œuvre dans le monde · **2.4-4 milliards USD** mobilisés en 2011 au travers des programmes de compensation des atteintes à la biodiversité ; plus de **90** programmes de compensation des atteintes à la biodiversité en 2013.

TABLEAU 3.1 – ÉVOLUTION DU TRAVAIL D'ANALYSE DE L'OCDE SUR LA CROISSANCE VERTE 2011-15

2. METTRE EN ŒUVRE LES CADRES STRATÉGIQUES NÉCESSAIRES À LA CROISSANCE VERTE BIODIVERSITÉ ET ÉCOSYSTÈMES

Stratégie pour une croissance verte de 2011	Nouveaux conseils depuis 2011
▪ **Prévenir les pertes de biodiversité** en renforçant la préservation des habitats et des espèces, en mettant fin à l'exploitation et au commerce illicites, et en favorisant une utilisation plus durable en tenant compte des préoccupations pour la biodiversité dans les politiques économiques et sectorielles et en sensibilisant le public, ainsi qu'en appliquant des instruments de politique adaptés (taxes, droits et redevances), paiements pour services écosystémiques [PSE], quotas individuels transférables – pour les pêcheries, etc.)	▪ **Il est essentiel de continuer d'améliorer les données, les systèmes de mesure et les indicateurs de la biodiversité, y compris l'évaluation économique de la biodiversité et des écosystèmes,** afin de permettre des décisions mieux étayées et plus rationnelles ; les évaluations nationales de la biodiversité ont un rôle important à jouer (Wilson et al., 2014) et leur développement se poursuit à un rythme accéléré.

PRODUCTIVITÉ DES RESSOURCES ET DÉCHETS

Stratégie pour une croissance verte de 2011	Nouveaux conseils depuis 2011
▪ **Promouvoir la productivité des ressources et la gestion durable des matières par des politiques intégrées et fondées sur le cycle de vie des déchets, des matières et des produits** qui internalisent le coût de la gestion des déchets et stimulent le progrès technologique ▪ **Améliorer les données** sur la production et l'élimination des déchets pour assurer un suivi approprié des flux et de la gestion des déchets	▪ **Les pays de l'OCDE améliorent l'efficacité d'utilisation des ressources et réduisent la production de déchets, mais la consommation de matières premières augmente dans les économies émergentes et les importations se substituent de plus en plus à la production nationale dans les pays de l'OCDE, poussant à la hausse la consommation mondiale de matières premières, au rythme du PIB mondial. Les conseils dispensés par l'OCDE continuent de mettre en avant des politiques intégrées et cohérentes ciblant différents stades du cycle de vie des ressources :** systèmes de consigne, combinaisons de taxes et subventions en amont, obligations de reprise (OCDE, 2015e).Les résultats à ce jour sont les suivants : • **30 %** d'augmentation du PIB par unité d'intrants matériels dans les pays de l'OCDE depuis 2000; **4 %** de recul de la production de déchets municipaux (OCDE, 2014d, 2015e), et taux de recyclage atteignant jusqu'à **80 %** pour certaines matières importantes • niveaux de consommation par habitant dans les pays de l'OCDE supérieurs de **60 %** à la moyenne mondiale ; la consommation de matières pourrait être réduite de **30 %** d'après les estimations (TNO, 2013).

2. METTRE EN ŒUVRE LES CADRES STRATÉGIQUES NÉCESSAIRES À LA CROISSANCE VERTE CHANGEMENT CLIMATIQUE

Stratégie pour une croissance verte de 2011	Nouveaux conseils depuis 2011
Le changement climatique fait peser un risque systémique sur la croissance – des politiques sont nécessaires non seulement pour l'atténuer, mais aussi pour s'adapter à ses effets et limiter les dégâts qu'il cause (prise en compte du risque climatique dans la conception des infrastructures et le choix de leur emplacement et des matières premières employées, par exemple)	**On ignore quand, où et comment exactement les événements climatiques se répercuteront sur les systèmes économiques, environnementaux et sociaux - d'où les incertitudes quant aux capacités et aux moyens nécessaires aujourd'hui pour réduire ces risques futurs** – mais les coûts économiques et sociaux de la multiplication d'épisodes météorologiques extrêmes de plus en plus violents augmentent (OCDE, 2014 à paraître e). Des exemples d'événements extrêmes sont les suivants: - **4 milliards AUD** (dollars australiens) de préjudice et 473 morts causés par la vague de chaleur qui a sévi dans l'État australien de Victoria en 2009 et les feux de brousse qui ont suivi - **125 milliards USD** de préjudice économique découlant de l'ouragan Katrina (2005) et 50 milliards USD de l'ouragan Sandy (2012) - **7 mètres** de hausse de la hausse potentielle du niveau des mers à l'échelle de la planète découlant de la fonte de la calotte glaciaire du Groenland. **Les gouvernements élaborent des stratégies pour réduire la vulnérabilité et l'exposition à la variabilité du climat ; des ressources financières** (OCDE, à paraître e) et de meilleures informations (Mullan et al.,al., 2013) sont nécessaires pour appuyer leur mise en œuvre (par une meilleure lisibilité de l'ampleur du changement climatique, et des mesures de suivi et d'évaluation des stratégies d'adaptation). - 29 pays de l'OCDE ont publié ou prévoient de publier une stratégie d'adaptation. **Un financement efficace recouvre aussi bien l'investissement pour réduire les risques associés au changement climatique que des mesures d'amélioration de la maîtrise des risques résiduels** : élaborer des stratégies de financement ex ante pour gérer les impacts, améliorer la disponibilité des données utiles au financement de l'adaptation (incidences budgétaires de l'adaptation, niveaux d'investissement privé...) et réformer les assurances sont des mesures utiles.

COOPÉRATION POUR LE DÉVELOPPEMENT

Adapter l'aide publique au développement (APD) pour qu'elle contribue à la mise en place des conditions nécessaires à la croissance verte en soutenant non seulement le renforcement des capacités humaines et institutionnelles, mais aussi le développement d'infrastructures essentielles résilientes dans les domaines de l'eau et des transports **Faire concorder les objectifs de croissance verte et de lutte contre la pauvreté** dans les pays émergents et en développement **Dans les pays développés et émergents, tenir compte des répercussions possibles des politiques de croissance verte sur les pays en développement**	**La transition vers une croissance verte sera essentielle à la prospérité à long terme pour les pays en développement.** Leurs priorités consisteront sans doute à gérer les ressources naturelles de façon durable, réduire la pollution et s'adapter au changement climatique. - Un plan national d'action en faveur de la croissance verte comporte trois grands axes : 1) leadership – définir une vision et intégrer la problématique de la croissance verte aux processus de planification et budgétaires existants ; 2) politiques – valoriser les actifs naturels, offrir des incitations conformes aux objectifs des politiques de croissance verte et procéder aux réformes nécessaires ; et 3) gouvernance – développer les capacités et les ressources nécessaires à la mise en œuvre, au suivi et au contrôle de l'application des politiques de croissance verte (OCDE, 2013g). **Les pays en développement peuvent encourager l'investissement direct étranger en instaurant un climat propice à l'investissement** – il s'agit par exemple de créer un cadre réglementaire et juridique doté des capacités requises pour gérer les investissements entrants, de promouvoir et faciliter l'investissement, d'attirer l'investissement privé dans les infrastructures, de resserrer les liens entre investissements et échanges, et d'encourager une conduite responsable des entreprises (OCDE, 2014e). Les réalisations à cette date sont les suivantes : - **31 milliards USD par an** en APD bilatérale ayant l'environnement mondial et local pour objectif principal ou significatif, soit 24 % du total de l'APD bilatérale, sur la période 2010-12 (OCDE, 2014f) - **150 % d'augmentation** de l'APD liée au climat entre 2007-09 et 2010-12, représentant 16 % de l'APD bilatérale totale, soit 21 milliards USD par an. 

Stratégie pour une croissance verte de 2011	Nouveaux conseils depuis 2011
2. METTRE EN ŒUVRE LES CADRES STRATÉGIQUES NÉCESSAIRES À LA CROISSANCE VERTE	
VILLES ET RÉGIONS VERTES	
▪ **Accroître la densité urbaine et mettre en place des péages de congestion** pour contribuer à réduire la consommation d'énergie et de ressources sans freiner la croissance économique et atteindre pour le moins les objectifs de réduction des émissions	▪ **Des facteurs autres que la forme urbaine peuvent être plus importants pour l'empreinte écologique d'une ville que la densité urbaine ; les gouvernements devraient mettre l'accent sur la réforme des politiques favorisant une expansion excessive des villes et veiller à la mise en place de transports publics lorsqu'une expansion urbaine est nécessaire.** Dans beaucoup d'économies émergentes, les grandes villes extrêmement denses gagneraient sans doute à l'être moins, profitant ainsi d'une plus grande efficacité environnementale et économique et d'un bien-être accru ; les politiques de maîtrise stricte de l'expansion urbaine peuvent également induire d'importants coûts économiques et sociaux (prix élevés des logements, par exemple) (OCDE, 2012e).
▪ **Coordonner les politiques et la gouvernance entre les niveaux de gouvernement pour stimuler une croissance verte** (interaction entre les politiques sectorielles nationales et les initiatives urbaines ; gouvernance multiniveaux pour orienter l'investissement et l'innovation dans des domaines comme l'eau)	▪ **Les politiques nationales et infranationales revêtent une importance capitale pour la croissance verte dans les villes et doivent être en phase avec les politiques au niveau des villes ; à l'inverse, les politiques urbaines peuvent avoir un impact considérable sur la mise en place d'une croissance plus verte au niveau national.** Les missions des villes, leurs ressources et leur recours aux instruments financiers sont dans une large mesure déterminés par la haute administration, mais il est essentiel de prévoir une marge de manœuvre pour permettre des adaptations géolocalisées ; la participation des acteurs locaux peut également contribuer à faciliter l'acceptation par les parties prenantes (OCDE, 2013h, 2012f).
PÊCHERIES	
▪ **Prévenir la surexploitation des stocks halieutiques** par une action mondiale coordonnée	▪ **La gestion des stocks est la clé de la durabilité des pêcheries,** qui dépend aussi de la gestion de la qualité des écosystèmes (biodiversité, habitats et pollution), de l'atténuation des effets d'entraînement causés par les différents usagers et de la cohérence des politiques (OCDE, 2015f). • **13 % d'augmentation de volume et des bénéfices s'élevant à 50 milliards USD par an** au moins seraient réalisables si tous les stocks épuisés étaient reconstitués et gérés avec efficacité. ▪ **Pour poursuivre l'expansion de l'aquaculture malgré les limites environnementales, spatiales et juridiques,** il importe de mettre à contribution les plans de développement national, l'innovation institutionnelle, la certification, l'aménagement de l'espace ainsi que des approches fondées sur le marché pour faire en sorte que cette expansion attire les investissements. • **1/3** de potentiel de croissance dans le secteur dans les 10 prochaines années si les obstacles à sa croissance, y compris les obstacles liés aux incidences environnementales, sont surmontés.
OCÉANS	
▪ **Aucun conseil se rapportant expressément aux océans**	▪ **Les nouvelles industries de l'océan, telles que l'exploration pétrolière et gazière en eau profonde, l'extraction minière dans les fonds marins et l'aquaculture offshore, auront d'importantes implications environnementales et économiques. De nouveaux travaux s'imposent** pour déterminer les moyens de stimuler la croissance de ces industries tout en améliorant la protection du milieu océanique contre la dégradation et la surexploitation des ressources marines (www.oecd.org/futures/oceaneconomy.htm)

2. METTRE EN ŒUVRE LES CADRES STRATÉGIQUES NÉCESSAIRES À LA CROISSANCE VERTE INDUSTRIES EXTRACTIVES

Stratégie pour une croissance verte de 2011	Nouveaux conseils depuis 2011
Aucun conseil se rapportant expressément aux industries extractives	**Pour les pays riches en ressources, envisager d'inclure la taxation des ressources naturelles dans leur panoplie de mesures en faveur de la croissance verte** - Si elle est bien conçue, la taxation des rentes de ressources a moins d'effets distorsifs que beaucoup d'autres impôts ; en outre, elle permet à la collectivité dans son ensemble de tirer profit de l'extraction des ressources naturelles du pays, notamment lorsque les prix des produits de base sont élevés (travaux de l'OCDE à paraître).

3. PRENDRE EN COMPTE LES IMPLICATIONS SOCIALES DE LA CROISSANCE VERTE

Des politiques ciblant le marché du travail et les compétences au service du redéploiement des travailleurs entre les secteurs

Stratégie pour une croissance verte de 2011	Nouveaux conseils depuis 2011
La croissance verte a peu de chances de susciter une hausse ou une rotation importante de l'emploi, mais elle modifiera la composition sectorielle de la production et de l'emploi, puisque les secteurs verts créeront des emplois tandis que les secteurs polluants en supprimeront **Mettre en œuvre des politiques actives ciblant le marché du travail** et les compétences pour aider à gérer les ajustements structurels sur ce marché, limiter le plus possible les pénuries de main-d'œuvre et aider le reclassement des travailleurs des secteurs en déclin dans les secteurs en expansion	**Pas de nouveaux conseils concernant la conception de politiques du marché du travail au service de la croissance verte depuis ceux formulés dans le cadre de la Stratégie pour une croissance verte de 2011 (OCDE, 2012g).** **Les compétences spécifiquement vertes sont peu nombreuses, mais les pouvoirs publics devront jouer un rôle d'orientation et de coordination pour que la stimulation de la demande de compétences vertes (au moyen des cadres d'action pour la croissance verte) aille de pair avec des mesures visant à répondre à cette demande.** - L'action des pouvoirs publics devrait mettre l'accent sur le développement des compétences dans les secteurs qui connaissent des ajustements mineurs, le reclassement et le réalignement des compétences dans les secteurs en déclin, et la préparation des établissements d'enseignement et des entreprises pour qu'ils soutiennent l'ajustement requis des compétences aux métiers et secteurs émergents. Un soutien ciblé au développement des compétences vertes dans les PME peut être nécessaire (OCDE/Cedefop, 2014). **La croissance verte possède une forte dimension locale, puisqu'aussi bien les industries polluantes que les industries éco-innovantes tendent à être implantées dans des régions particulières ; les acteurs locaux auront un rôle important à jouer dans la transition des compétences.** Des données désagrégées sur les emplois et les compétences au niveau local peuvent étayer l'élaboration de politiques fondées sur des éléments factuels (OCDE, 2014g).

Compensation des répercussions sur les ménages à faible revenu

Stratégie pour une croissance verte de 2011	Nouveaux conseils depuis 2011
Traiter les éventuels effets régressifs des réformes au moyen de programmes de compensation bien ciblés tenant compte de l'intégralité du système de prélèvements et de prestations	**Les éléments attestant des effets redistributifs des taxes sur l'énergie sont étonnamment rares, alors même que les craintes d'effets régressifs (c'est-à-dire touchant de façon disproportionnée les ménages pauvres) semblent être l'un des principaux obstacles aux réformes. De nouvelles données portant sur 21 pays de l'OCDE montrent que les effets redistributifs varient selon le vecteur énergétique.** Les taxes sur les carburants ne sont pas régressives en moyenne, celles sur les combustibles de chauffage le sont légèrement et celles sur l'électricité sont plus régressives que les taxes sur les combustibles de chauffage (travaux de l'OCDE à paraître).

3. PRENDRE EN COMPTE LES IMPLICATIONS SOCIALES DE LA CROISSANCE VERTE

Compensation des répercussions sur les ménages à faible revenu

Stratégie pour une croissance verte de 2011	Nouveaux conseils depuis 2011
	▪ **Comme l'ont montré des travaux récents sur les possibles conséquences redistributives de l'arrêt progressif de toutes les subventions à la consommation d'énergie en Indonésie, ces subventions profitent en grande partie aux ménages à revenu élevé et intermédiaire dans l'absolu, mais leur suppression se répercuterait défavorablement sur les ménages à faible revenu.** Des trois dispositifs de redistribution schématiques envisagés pour compenser ces répercussions, c'est celui prévoyant des paiements directs au niveau des ménages qui donne les meilleurs résultats en termes de gains de PIB (travaux de l'OCDE à paraître). **0.7 % de gain de PIB** possible en 2020 si l'Indonésie supprimait ses subventions à la consommation de combustibles fossiles et d'électricité et mettait en place un dispositif de redistribution sous forme de paiements directs au niveau des ménages ; **le gain global pour les consommateurs en termes de bien-être irait de 0.8 % à 1.6 %** – l'un et l'autre de ces gains découlant d'une répartition plus efficace des ressources entre les secteurs.

4. SUIVRE LES PROGRÈS

Stratégie pour une croissance verte de 2011	Nouveaux conseils depuis 2011
▪ **Élaborer des indicateurs pour suivre les progrès concernant :** · la transition vers une économie sobre en carbone et économe en ressources · la préservation du stock d'actifs naturels · la dimension environnementale de la qualité de vie · la mise en œuvre des politiques de croissance verte et la mise à profit des opportunités économiques qu'elle génère	▪ **Des efforts plus vigoureux et soutenus s'imposent pour rendre l'utilisation de l'énergie et des ressources naturelles plus efficace** afin d'enrayer les atteintes à l'environnement, de préserver le stock de ressources naturelles de l'économie et d'améliorer la qualité de vie des populations (OCDE, 2014a). · **Depuis 1990,** la productivité environnementale des économies de l'OCDE – en termes de carbone, d'énergie et de matières premières – a progressé, avec cependant des résultats très variables selon les pays et les secteurs. Les pays de l'OCDE produisent aujourd'hui plus de valeur par unité de matières premières qu'avant ; les efforts de recyclage des déchets commencent à porter leurs fruits et l'utilisation d'éléments nutritifs en agriculture diminue, avec des excédents en baisse rapportés à la production. · **Dans beaucoup de domaines, les gains de productivité sont faibles et les pressions exercées sur l'environnement demeurent fortes.** Les émissions de carbone continuent d'augmenter ; les mix énergétiques sont toujours dominés par les combustibles fossiles, lesquels bénéficient parfois d'aides publiques ; la consommation de ressources matérielles pour alimenter la croissance économique reste élevée ; et beaucoup de matières de valeur continuent d'être éliminées avec les déchets. ▪ **Un ensemble représentatif d'indicateurs « phares » peut permettre de cristalliser et suivre les enjeux fondamentaux de la croissance verte** et faire en sorte qu'ils soient mieux compris des décideurs et du public (https://stats.oecd.org/Index.aspx?DataSetCode=GREEN_GROWTH). · **Les 6 indicateurs phares sont :** la productivité carbone ; la productivité des matières ; la productivité (multifactorielle) macroéconomique corrigée des incidences environnementales ; les indices de ressources naturelles ; les changements d'affectation et de couverture des terres ; et l'exposition de la population à la pollution atmosphérique.

4. SUIVRE LES PROGRÈS

Stratégie pour une croissance verte de 2011	Nouveaux conseils depuis 2011
	▪ **Combiner des données économiques et environnementales n'est guère aisé, en raison des différences de classification, de terminologie et d'horizons temporels.** Le Système de comptabilité économique et environnementale (SCEE) – norme statistique mondiale qui fait le lien entre données économiques et environnementales – est un instrument utile pour l'élaboration d'indicateurs de la croissance verte. · **12 pays et 3 institutions** participent au groupe d'étude de l'OCDE sur la mise en œuvre du SCEE, qui a été créé en 2013 pour appuyer le développement des indicateurs phares. · **4 notes d'information** ont été produites jusqu'à présent, sur la compilation des comptes relatifs aux émissions atmosphériques et aux ressources naturelles, la compilation des stocks de ressources naturelles en unités physiques et l'estimation des stocks de ressources naturelles. ▪ **L'élaboration d'indicateurs de croissance verte appelle des progrès sur deux fronts : d'une part pour faire progresser les méthodologies et d'autre part pour traiter les lacunes et problèmes liés à la qualité des données.** Le risque est de voir le manque de données nationales de qualité entraver la production et l'utilisation des indicateurs dans le suivi et l'analyse des politiques nationales.

ACTUALISATION DE LA STRATÉGIE POUR UNE CROISSANCE VERTE

Les travaux menés depuis 2011 et l'expérience acquise par les pays, qui est examinée au chapitre 2, pointent vers cinq ajustements à apporter à la Stratégie pour une croissance verte.

- Les pouvoirs publics doivent apporter une plus grande attention à l'amélioration de la compréhension des complémentarités et des arbitrages à plus long terme entre les objectifs économiques et environnementaux, notamment par un recours plus efficace à l'analyse coûts-avantages, afin d'améliorer l'intégration des priorités environnementales dans les politiques économiques structurelles.
- Les politiques doivent porter sur une action plus ciblée visant à améliorer la compréhension et renforcer la confiance du public à l'égard des réformes axées sur la croissance verte, moyennant une attention accrue aux conséquences redistributives des politiques en tant que partie intégrante de la conception des politiques de croissance verte (et non comme une étape secondaire à la mise en œuvre des politiques).
- Les gouvernements doivent entreprendre des efforts plus importants pour aligner les politiques au service de la croissance verte aussi bien au sein des secteurs qu'entre eux, et éviter que des incohérences ou défauts d'alignement fassent échouer les réformes.
- La Stratégie doit incorporer l'économie des océans et les industries extractives en tant que domaines d'action spécifiques à orienter vers une croissance verte.
- Les indicateurs phares de la croissance verte doivent être utilisés pour sensibiliser les acteurs, mesurer les progrès et mettre en évidence les opportunités et les risques.

Les cinq actualisations proposées à la Stratégie pour une croissance verte sont marquées en vert dans le graphique 3.1 et abordées successivement ci-dessous. Un travail important de réflexion sur les défis et opportunités spécifiques que représente la croissance verte pour les économies en développement et émergentes a aussi été entrepris. La Stratégie pour une croissance verte établie en 2011 abordait la question de la mise en œuvre de la croissance verte dans les pays en développement, mais le travail effectué depuis 2011 laisse à penser que ce domaine mérite une attention accrue. Les problématiques soulevées par ce travail sont aussi abordées ci-dessous.

Ajustement n° 1 : Améliorer la compréhension des complémentarités et des arbitrages entre les objectifs économiques et environnementaux, afin d'améliorer l'intégration des priorités environnementales dans les priorités de réformes économiques structurelles.

Faire progresser la compréhension des opportunités et des défis économiques découlant des politiques environnementales, ainsi que des coûts de la dégradation de l'environnement sur le plan économique et du bien-être, pour nourrir l'élaboration des objectifs de croissance verte. Pour mettre en place une croissance verte, les gouvernements doivent combiner les priorités environnementales et les priorités de réformes économiques structurelles dans le cadre d'un programme d'action unique et cohérent. Depuis l'élaboration de la Stratégie pour une croissance verte de 2011, des travaux importants ont été réalisés afin d'aider les pouvoirs publics à jauger l'impact des réglementations environnementales sur la croissance, ainsi que les possibles effets de retour exercés sur la croissance économique et le bien-être par la dégradation de l'environnement. Ces aspects sont essentiels pour déterminer les priorités de la croissance verte et aider les gouvernements à articuler les priorités économiques et environnementales. Les travaux soulignent qu'il importe d'accélérer le processus de compréhension des interactions entre les objectifs économiques et environnementaux.

GRAPHIQUE 3.1 – TROIS ÉTAPES SUR LA VOIE D'UNE CROISSANCE VERTE : LA STRATÉGIE POUR UNE CROISSANCE VERTE EN 2015

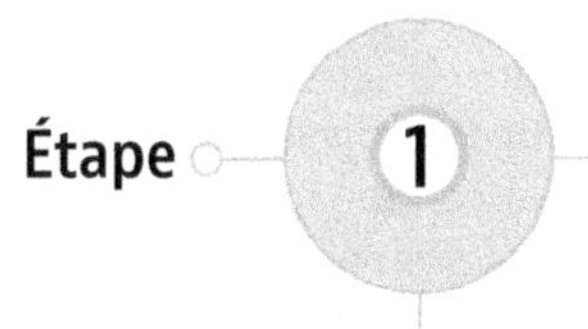

ALIGNER LES OBJECTIFS DE CROISSANCE ET D'ENVIRONNEMENT

Orienter les grands axes de la politique économique pour renforcer la complémentarité entre croissance et conservation du capital naturel.

- MIEUX COMPRENDRE LES COMPLÉMENTARITÉS ET ARBITRAGES ENTRE LES OBJECTIFS ÉCONOMIQUES ET ENVIRONNEMENTAUX.
- Relier les objectifs environnementaux aux politiques de réforme économique, en s'attachant à privilégier une utilisation plus efficiente des analyses coûts-avantages.
- Ancrer la croissance verte dans les ministères clés chargés des questions économiques; promouvoir la coordination transversale.
- S'attaquer aux obstacles à l'innovation et l'investissement verts.

Étape 2

METTRE EN OEUVRE LES CADRES D'ACTION NECESSAIRES À LA CROISSANCE VERTE

Mettre au point un arsenal de mesures pour faire payer la pollution et encourager l'utilisation efficiente des ressources, PRIVILÉGIER UNE UTILISATION PLUS EFFICIENTE DES ANALYSES COÛTS-AVANTAGES.

- Instruments tarifaires pour agir à grande échelle au moindre coût (permis échangeables, taxes).
- Réglementation prévoyant des incitations à l'appui de la croissance verte (normes d'émissions, économies d'énergie).
- Subventions en faveur des technologies, pratiques et produits verts ; réforme des subventions aux combustibles fossiles.
- Information des consommateurs pour influer sur les comportements.

Orienter les politiques sectorielles dans le sens de la croissance verte. ASSURER L'ALIGNEMENT DES POLITIQUES DANS LES DIFFÉRENTS SECTEURS ET ENTRE EUX;

- INVESTISSEMENT ET FINANCE | INNOVATION | FISCALITÉ
- ÉCHANGES ET INVESTISSEMENT DIRECT ÉTRANGER | ÉNERGIE
- TRANSPORTS | AGRICULTURE | EAU | BIODIVERSITÉ ET ÉCOSYSTÈMES
- DÉCHETS | CHANGEMENT CLIMATIQUE | DÉVELOPPEMENT
- VILLES ET RÉGIONS VERTES | PÊCHE
- + EXTRATION MINIÈRE | + OCÉANS

PRENDRE EN CHARGE LES CONSÉQUENCES SOCIALES DE LA CROISSANCE VERTE

(anciennement Étape 3)

Prendre en charge les effets redistributifs afin de faciliter la réforme et d'encourager une croissance inclusive.

- Politiques du marché du travail et des compétences pour accompagner le redéploiement intersectoriel de la main-d'œuvre.
- Mesures destinées à compenser les impacts sur les ménages à faible revenu.
- Coordination multilatérale pour répondre aux préoccupations de compétitivité des entreprises.

Étape 3

SUIVRE LES PROGRÈS

Élaborer des indicateurs pour suivre les progrès, NOTAMMENT DES INDICATEURS SECTORIELS ; RÉUNIR DES DONNÉES À L'APPUI DES NOUVEAUX INDICATEURS ; UTILISER LES INDICATEURS PHARES POUR PROMOUVOIR LES ÉLÉMENTS CENTRAUX DE LA CROISSANCE VERTE.

- Transition vers une économie bas carbone sobre en ressources.
- Préservation de la base d'actifs naturels.
- Qualité environnementale de la vie.
- Opportunités économiques et efficacité des politiques.

Quel est l'impact – pour autant qu'il y en ait un – de la réglementation environnementale sur la croissance économique ?

Mesurer la sévérité des politiques environnementales et son impact sur la croissance. Pour qui cherche à déterminer les effets économiques des politiques environnementales, une question fondamentale est de savoir comment évaluer les coûts que ces politiques font peser sur les activités polluantes et autres activités préjudiciables à l'environnement, en permettant des comparaisons entre pays et dans le temps. Le défi consiste à traduire les informations quantitatives et qualitatives contenues dans les lois et les règlements en une mesure comparable de la sévérité. Un nouvel indicateur de l'OCDE – l'indice de sévérité des politiques environnementales – répond à cette problématique (Botta and Koźluk, 2014). Il montre que les pays de l'OCDE ont notablement durci leurs politiques environnementales depuis une vingtaine d'années et permet d'évaluer l'impact de cette sévérité accrue sur la croissance.

Le durcissement des politiques environnementales depuis 1990 n'a eu aucun effet négatif sur la croissance de la productivité dans les pays de l'OCDE.

Le durcissement des politiques environnementales à partir de 1990 n'a pas eu d'effet négatif sur la croissance de la productivité dans les pays de l'OCDE (Albrizio, Koźluk et Zipperer, 2014). En fait, les données d'observation disponibles montrent qu'il se traduit par une accélération temporaire de la croissance de la productivité, d'où une hausse globale de l'efficacité de la production des industries manufacturières. Les entreprises relativement peu productives voient leur croissance temporairement ralentie et peuvent avoir besoin d'investissements accrus pour se conformer à la nouvelle réglementation, mais cet effet est plus que compensé par les gains qu'enregistrent les entreprises les plus productives grâce, par exemple, à l'exploitation de nouvelles opportunités de marché et au déploiement de nouvelles technologies.

Une réglementation environnementale plus rigoureuse peut aussi être synonyme d'opportunités économiques (Sauvage, 2014). L'indicateur de sévérité des politiques environnementales (EPS) a été utilisé pour examiner le lien entre la rigueur de cette réglementation et les exportations de biens environnementaux. Il apparaît que cette rigueur influence de façon positive la spécialisation des pays dans les produits environnementaux, y compris lorsqu'on circonscrit l'analyse à des secteurs particuliers comme la gestion des déchets solides ou le traitement des eaux usées.

Une étude microéconomique ex post de la taxe sur l'électricité imposée à partir de 1999 par l'Allemagne aux entreprises manufacturières soutient que les politiques environnementales ont sans doute peu d'incidences sur la productivité de l'industrie manufacturière[1]. En l'occurrence, les entreprises qui acquittent cette taxe à taux plein n'ont pas connu de dégradation de leur compétitivité par rapport aux entreprises similaires qui bénéficient d'un taux réduit parce que leur consommation d'électricité dépasse un certain seuil. Ce résultat est d'autant plus significatif que la réduction accordée a pu atteindre 31.6 EUR par tonne de dioxyde de carbone (CO_2) si l'on prend en compte le taux d'imposition effectif de la teneur en carbone d'une unité d'électricité moyenne. Il n'existe pas beaucoup d'autres évaluations ex post des effets des politiques environnementales sur la compétitivité, car les comparaisons interentreprises se heurtent à un manque de données microéconomiques (Arlinghaus, 2015). Les quelques évaluations qui existent confirment que la mise en œuvre de politiques environnementales n'a globalement pas d'effets négatifs significatifs[2].

Un nouvel indicateur de la charge imposée à l'économie par les politiques environnementales (BEEP) donne à penser qu'il est possible d'appliquer des politiques environnementales rigoureuses en réduisant au minimum les obstacles à l'entrée et à la concurrence (Koźluk, 2014). Les obstacles à l'entrée et à la concurrence dus à la politique de l'environnement varient selon les pays, mais ne sont pas corrélés avec la sévérité des politiques environnementales ; ils dépendent de leur conception. Des compromis sont parfois inévitables, mais une conception adaptée des politiques environnementales peut aider à réduire au minimum les effets négatifs sur la concurrence. Les instruments de marché comme les taxes et les systèmes d'échange ont généralement un effet positif plus marqué sur la croissance de la productivité. Les procédures administratives, les avantages conférés aux entreprises en place par les mesures publiques et les politiques qui ne sont pas neutres d'un point de vue technologique peuvent également avoir un impact sur la concurrence et l'entrée.

Les obstacles à l'entrée et à la concurrence dus aux politiques de l'environnement dépendent de la conception de ces politiques bien plus que de leur degré de sévérité.

En résumé, moyennant des politiques bien conçues, les gouvernements peuvent appliquer des politiques environnementales plus rigoureuses sans perte de productivité au niveau macroéconomique ou sectoriel. De nouveaux travaux sur les effets des politiques environnementales sur l'investissement, sur l'entrée et la sortie des entreprises et sur les échanges internationaux et les délocalisations – de même qu'une meilleure connaissance des processus d'investissement, d'emploi et de production – permettraient de mieux comprendre l'ensemble des effets économiques de ces politiques. Il est également prévu de perfectionner l'indice de sévérité des politiques environnementales afin d'élargir l'éventail des instruments de politique, des secteurs et des pays pris en compte. En outre, de nouveaux travaux d'évaluation ex post au niveau microéconomique permettraient de mieux appréhender les conséquences des politiques environnementales. En cas de préoccupations persistantes concernant l'impact de ces politiques sur la compétitivité, un ajustement de leur conception ou une harmonisation plus poussée entre les pays peut être de mise.

Quels types d'effets de retour la dégradation de l'environnement est-elle susceptible d'exercer sur l'économie ?

La dégradation de l'environnement peut avoir d'importants effets négatifs sur le produit intérieur brut (PIB) et le bien-être en entraînant une détérioration de la santé publique, des pénuries d'eau, une dégradation des terres, des épisodes météorologiques extrêmes, etc.

1.0-3.3 % : la perte de PIB mondial due à certaines conséquences du changement climatique d'ici à 2060.

Quantifier les répercussions économiques des atteintes à l'environnement. D'après les projections, certaines conséquences du changement climatique, principalement la baisse de la productivité agricole et l'élévation du niveau de la mer, entraîneront à elles seules une perte de PIB mondial de 1.0 à 3.3%à l'horizon 2060. S'y ajouteront les effets de la progression des événements météorologiques extrêmes, du stress hydrique et des perturbations de grande envergure. Ces moyennes mondiales masquent en outre des impacts beaucoup plus significatifs (Dellink etal., 2014) qui toucheront certains secteurs et certaines régions. Par ailleurs, elles ne tiennent pas encore compte des pertes dues à l'augmentation des coûts de santé et à la baisse de la productivité imputables à la pollution de l'air, aux pénuries d'eau ou à la dégradation des terres, ni des répercussions de l'érosion de la biodiversité, des événements météorologiques provoqués par le changement climatique ou des perturbations de grande ampleur et potentiellement irréversibles subies par le système climatique. Ce sont là autant de conséquences qui peuvent s'avérer extrêmement coûteuses.

À titre d'exemple, le coût économique de la pollution de l'air extérieur, en termes d'années de vie perdues et de morbidité, est beaucoup plus élevé qu'on le pensait auparavant (OCDE, 2014b). En 2010, le coût des décès et des maladies liés à la pollution atmosphérique était en moyenne équivalent à 4 % du PIB dans les pays de l'OCDE, et la moitié environ était imputable au transport routier. Ce coût représentait plus de 10 % du PIB dans certains pays de l'OCDE (Hongrie). Il était de l'ordre de 12 % du PIB en Chine cette même année, et équivalent à 9 % du PIB en Inde en 2005.

4 % du PIB : le coût moyen des décès et des maladies liés à la pollution atmosphérique dans les pays de l'OCDE en 2010.

L'analyse des effets de retour de la hausse des incidences environnementales sur le PIB et sur d'autres dimensions du bien-être en est encore à ses balbutiements. Des travaux supplémentaires sont nécessaires pour évaluer les conséquences économiques des risques dus au changement climatique aux niveaux régional et sectoriel, ainsi que pour quantifier les effets de retour de la pollution de l'air et le lien entre terre, eau et énergie. La possibilité de quantifier les interactions eau-économie et les incidences de la rareté des ressources et du recul de la biodiversité et des services écosystémiques doit être étudiée. Des travaux sont également en cours pour mieux cerner les coûts économiques des effets sanitaires de la pollution de l'air extérieur.

Il ressort clairement des travaux que les gouvernements devraient inscrire leur réflexion dans une perspective à plus long terme qui incluent les interactions environnement-économie lors de l'élaboration des mécanismes d'intervention. Les cadres analytiques qui considèrent les évolutions probables à long terme des structures économiques sous-jacentes peuvent être adaptés pour tenir compte du préjudice économique causé par le changement climatique, qui exerce d'importantes pressions sur la production mondiale et les conditions de vie à long terme. Par exemple, dans le cadre du projet OECD@100 qui vise à établir des scénarios d'évolution de l'économie mondiale d'ici à 2060, le modèle ENV-Linkages est utilisé pour produire des prévisions des émissions de gaz à effet de serre conformes aux scénarios d'évolution à long terme de la croissance et des échanges.

Donner la priorité à une utilisation plus efficace de l'analyse coûts-avantages pour orienter les choix des pouvoirs publics

Les évaluations ex ante et ex post des mesures publiques et des projets d'investissement pourraient être largement améliorées si l'on utilisait mieux l'analyse coûts-avantages et notamment l'évaluation économique des externalités environnementales[3]. Les décisions et les investissements des pouvoirs publics peuvent avoir des répercussions considérables sur l'environnement, lesquelles devraient être prises en compte de façon méthodique dans l'évaluation ex ante et ex post des politiques et projets. Or, il n'existe quasiment pas de lignes directrices claires concernant l'application de l'analyse coûts-avantages pour l'évaluation ex post des politiques et projets dans les différents pays, et seuls quelques pays en ont défini pour l'évaluation générale ex ante des politiques. De tels instruments sont en revanche plus répandus dans un certain nombre de pays pour les investissements dans l'énergie et les transports. Il est essentiel de recourir de façon beaucoup plus efficace aux analyses coûts-avantages pour éclairer la dimension environnementale des décisions des pouvoirs publics. De nouvelles orientations sur l'analyse coûts-avantages et l'environnement doivent être publiées en 2016.

En cas d'impacts non négligeables en termes de mortalité, l'évaluation devrait faire entrer en ligne de compte les « valeurs d'une vie statistique », basées dans l'idéal sur des enquêtes nationales sur le consentement à payer (qui servent à déterminer la somme que les individus seraient prêts à payer pour obtenir une réduction marginale du risque de décès prématuré) (OCDE, 2012a). Des travaux sont en cours en vue d'élaborer une méthode type pour mesurer le coût de la morbidité.

Ajustement n° 2 : Améliorer la confiance du public à l'égard de la croissance verte en traitant les incidences sociales des réformes, dans les pays de l'OCDE aussi bien que dans les économies émergentes et en développement.

Les réformes menées en faveur de la croissance verte risquent fort de susciter des oppositions politiques si leurs éventuelles incidences sociales ne sont pas prises en considération avec le plus grand soin. Les objectifs de croissance verte doivent se doubler d'objectifs sociaux. Les possibles conséquences redistributives de la croissance verte méritent une plus grande attention de la part des pouvoirs publics, non seulement parce que les politiques de croissance verte ne doivent pas aggraver des inégalités – qui se creusent déjà dans beaucoup de pays – mais aussi parce que la réussite des réformes dépend d'un traitement efficace des difficultés politiques liées à la transition, comme le montrent les expériences nationales de tarification du carbone examinées au chapitre 2. Certains gouvernements devront, le cas échéant, se tourner davantage vers des mécanismes autres que la tarification directe, comme la tarification implicite et la réglementation.

La confiance du public est un élément central de la réforme : les gouvernements doivent la cultiver.

La croissance verte est aussi un enjeu de politique du travail et de politique sociale. Il convient de traiter les conséquences sociales potentielles au préalable, en faisant de cette démarche un élément fondamental de la conception des politiques de croissance verte, et non après coup lorsque ces politiques ont été mises en œuvre. Pour procurer des avantages à court terme à ceux qui risquent de pâtir le plus des changements projetés, il importe de concevoir des mesures qui assurent un partage équitable des avantages économiques et des gains de bien-être apportés par la croissance verte. Le traitement des incidences sociales est par conséquent intégré à l'étape 2 de la Stratégie révisée, qui entre en jeu lors de l'élaboration de cadres d'action pour la croissance verte. Le traitement des incidences sociales de la croissance verte était une étape distincte dans la Stratégie pour la croissance verte de 2011 (auparavant l'étape 3).

Outre les répercussions sur la compétitivité, abordées ci-avant dans la section sur l'ajustement n° 1, les incidences potentielles sur le marché du travail et sur les ménages sont à prendre en considération. Les travaux dans ce domaine doivent avancer. Le Forum sur la croissance verte et le développement durable de 2014 – qui portait sur les répercussions sociales de la croissance verte – a démontré l'existence d'une très importante marge de progression en ce qui concerne l'étude des questions en rapport avec le travail et les ménages[4]. La plate-forme de connaissances sur la croissance verte lancée par l'OCDE en janvier 2012 en collaboration avec le Global Green Growth Institute,[5] le Programme des Nations Unions pour l'environnement[6] et la Banque mondiale[7] pour aider à identifier et traiter les déficits de connaissances principaux dans le domaine de la théorie et des pratiques de croissance verte[8] est en train de lancer un Comité de recherche sur l'inclusion afin de faire avancer les travaux dans ce domaine.

La transition verte n'aura sans doute pas des effets importants sur l'emploi total, mais des politiques d'encadrement de bonne qualité seront nécessaires pour faciliter les évolutions dans la composition sectorielle de l'emploi. S'il ne faut pas s'attendre à l'émergence d'une mine de nouveaux emplois, il pourrait y avoir des glissements potentiellement importants de la demande de main-d'œuvre dans certaines branches, à commencer par le secteur énergétique, de même que des retombées potentiellement significatives – positives aussi bien que négatives – sur l'emploi local. Les besoins en termes de qualifications professionnelles évolueront à une grande échelle – mais de manière essentiellement progressive – sur l'ensemble de l'économie. Leurs effets sur les revenus poseront la question de la répartition équitable des gains et des pertes. Pour soutenir la transition, il faudra disposer de projections plus précises de l'ampleur des probables changements structurels et des réactions potentielles du marché du travail national. Il importera également de mener de nouveaux travaux pour mieux comprendre l'impact de la croissance verte sur les modèles et la demande de compétences ; il faudra en outre consacrer des travaux de modélisation supplémentaires aux incidences sur la rémunération relative aux compétences particulières. Combler ces déficits de connaissances et d'autres déficits de connaissance permettra d'exploiter pleinement les possibilités offertes par la transition en termes de croissance et d'emploi[9].

De nouveaux travaux sont nécessaires sur les effets redistributifs des politiques de croissance verte. Il importera de mieux cerner l'ampleur des effets régressifs de la politique environnementale. Les hausses de prix liées aux politiques de croissance verte (par exemple, les augmentations possibles du coût de l'électricité) risquent de se répercuter de façon disproportionnée sur les ménages à faible revenu parce qu'un ajustement progressif des prix représenterait sans doute une part plus importante de leur budget. À cet égard, il serait utile d'analyser plus avant l'impact des taxes énergétiques sur l'accessibilité de l'énergie au niveau des ménages. Des mesures absolues de l'accessibilité de l'énergie et des réformes de la fiscalité énergétique pourraient être examinées.

Un tel travail d'analyse requiert des ensembles de données étoffés, qui sont essentiels pour comprendre le comportement des ménages en intégrant les informations sur les effets redistributifs des réformes aux informations sur l'incidence et l'intensité de la pauvreté. Il conviendrait d'examiner plus précisément si des pratiques optimales se dégagent de l'expérience accumulée jusqu'à présent (y compris en ce qui concerne la faisabilité politique) et de déterminer la meilleure façon de gérer les obstacles aux réformes de la fiscalité environnementale, compte tenu du potentiel de recyclage des recettes qu'offre celle-ci[10].

Afin de combler certaines de ces lacunes, l'OCDE envisage de mener des travaux associant plusieurs comités pour améliorer les capacités de modélisation afin d'évaluer les effets sur le marché du travail pour différents types de travailleurs et de mieux évaluer les effets sur les ménages à différentes étapes de distribution des revenus. L'analyse d'études de cas de politiques particulières, et de leur impact au niveau local et urbain, contribuerait également à éclairer l'action publique.

Ajustement n° 3 : Veiller à ce que les politiques susceptibles d'influer sur la croissance verte soient cohérentes et harmonisées à l'intérieur des secteurs et entre eux.

Mettre les politiques thématiques et sectorielles au service de la croissance verte suppose d'aligner les politiques entre les différents secteurs, ainsi que de veiller à ce les politiques au sein de chaque secteur soient cohérentes en interne et tournées vers la croissance verte. Des travaux récents ont confirmé que les gouvernements devaient envisager les politiques aux niveaux sectoriel et intersectoriel pour mettre en œuvre des cadres d'action en faveur de la croissance verte. Des réformes structurelles bien conçues peuvent favoriser une croissance verte.

Les politiques gouvernementales mal alignées freinent considérablement la réforme.

Les cadres d'action aujourd'hui en place présentent plusieurs défauts d'alignement, qui font obstacle à la transition vers une croissance verte. Par exemple, dans une perspective de politique climatique ces défauts d'alignement concernent aussi bien les domaines de politique économique à caractère transversal – investissement, fiscalité, innovation et échanges internationaux – que les politiques régissant des domaines particuliers essentiels à la transition, comme les systèmes électriques, la mobilité urbaine et l'aménagement rural. Les politiques climatiques ont des effets réciproques avec celles menées dans beaucoup d'autres domaines, puisque quasiment toutes les activités économiques produisent des émissions de gaz à effet de serre. Les instruments de politique climatique, et les signaux économiques qu'elles génèrent, s'ajoutent aux cadres d'action en place et interagissent avec leurs objectifs et instruments. Cela peut provoquer des tensions, des conséquences imprévues, voire des contradictions entre les objectifs et les signaux. S'agissant par exemple des politiques relatives aux échanges internationaux, trois dimensions ont été examinées: la libéralisation des échanges ; les subventions nationales et leur impact sur les chaînes de valeur mondiales dans les énergies renouvelables ; et les courroies de transmission du commerce international que sont les transports maritime et aérien internationaux. Parmi les défauts d'alignement identifiés figurent les politiques de soutien aux industries nationales d'énergies renouvelables, qui limitent néanmoins aussi les échanges internationaux et poussent donc à la hausse les coûts pour les entreprises aussi bien nationales qu'internationales.

Les travaux sur l'harmonisation des politiques au service de la transition vers une économie sobre en carbone (OCDE, à paraître a) offre un nouvelle approche pour faciliter la mise en œuvre et améliorer l'efficacité de l'action climatique, s'appuyant sur la première analyse à grande échelle des défauts d'alignement entre l'ensemble des cadres d'action politiques et réglementaires et les objectifs environnementaux. Ce document identifie un certain nombre de possibilités de réaligner les politiques afin de permettre une transition efficace et rentable vers une économie sobre en carbone. En résolvant ces défauts d'alignement, les gouvernements – y compris les ministères qui ne sont pas suffisamment mobilisés pour développer et mettre en œuvre des stratégies climatiques – peuvent passer en revue l'ensemble de leurs cadres d'action politiques et commencer à en améliorer la cohérence. La résolution d'un défaut d'alignement politique du point de vue climatique aura souvent pour résultat de faciliter la réalisation d'autres objectifs politiques et de rendre les politiques climatiques plus acceptables aux yeux des différentes parties prenantes, et les objectifs climatiques plus réalisables.

Des travaux récents relatifs à la taxation de la consommation d'énergie montrent bien que les gouvernements doivent évaluer les politiques sectorielles en place pour s'assurer qu'elles vont dans le sens des réformes, et éliminer les éventuels obstacles et distorsions (OCDE, 2013b). Dans beaucoup de pays, la structure et le niveau de la fiscalité énergétique manquent de cohérence environnementale, malgré les importantes retombées de cette fiscalité sur les prix de l'énergie, la consommation énergétique et l'environnement. Bien souvent, les différences de taux d'imposition entre les énergies, leurs usages et leurs usagers n'obéissent pas à une logique claire et ne reflètent pas les coûts environnementaux induits. L'exemple du traitement fiscal des carburants routiers – 33 pays de l'OCDE sur 34 taxent moins le gazole que l'essence, alors que ses externalités environnementales et sociales sont plus importantes (Harding, 2014a) – est examiné au chapitre 3. Dans le secteur électrique, la fiscalité du charbon est souvent plus faible que la fiscalité du gaz naturel, des biocombustibles ou des déchets, et les taxes sur la consommation électrique n'envoient aucun signal quant aux incidences environnementales respectives des différentes énergies primaires utilisées pour produire de l'électricité. Étant donné que dans beaucoup de pays, le plus gros des recettes des taxes liées à l'environnement provient des produits énergétiques – 72 % en moyenne dans la zone de l'OCDE (Harding, 2014a) – il est urgent que les gouvernements réévaluent la fiscalité de l'énergie pour déterminer si elle est adaptée aux objectifs environnementaux et sociaux.

Ajustement n° 4 : Prendre en considération l'économie des océans et les industries extractives dans le cadre de l'adaptation des politiques sectorielles à la croissance verte.

L'économie des océans a jusqu'à présent peu retenu l'attention dans la réflexion sur la croissance verte. Pourtant, les nouvelles industries de l'océan – qui comprennent l'éolien, le houlomoteur et l'hydrolien en mer, l'extraction pétrolière et gazière en eau profonde et dans d'autres contextes extrêmes (Arctique, par exemple), mais aussi l'extraction minière dans les fonds marins, l'aquaculture offshore, les biotechnologies marines, ainsi que le tourisme et les loisirs océaniques – ont d'importantes implications économiques et environnementales et ouvrent des perspectives en matière de croissance, d'emploi et d'innovation. Les océans subissent déjà des pressions dues à la surexploitation, à la pollution, au recul de la biodiversité et au changement climatique. Pour concrétiser pleinement le potentiel des nouvelles industries de l'océan, il faudra mettre davantage encore l'accent sur des stratégies responsables et durables de mise en valeur économique des océans. Des travaux sont en cours afin d'aider les gouvernements à évaluer la possible contribution au long cours de ces industries à la croissance verte et les moyens d'améliorer leurs perspectives de développement à long terme, tout en maîtrisant efficacement les répercussions sur l'environnement et les écosystèmes océaniques comme celles dues à l'acidification des océans[11]. Des travaux seront aussi menés prochainement pour évaluer « l'innovation verte » dans le secteur du transport maritime.

Les industries extractives sont un autre domaine qui n'a pas été expressément abordé dans la Stratégie pour une croissance verte de 2011. Les pays riches en ressources naturelles devraient prendre en compte et prévoir les incidences environnementales de leur extraction dans la conception des stratégies de croissance verte. Des travaux récents montrent, par exemple, qu'il est possible de mieux utiliser la fiscalité de ces ressources dans le cadre des programmes d'action en faveur de la croissance verte. Dès lors qu'elle est bien conçue, la taxation des rentes de ressources à moins d'effets distorsifs sur l'économie que beaucoup d'autres impôts dans les pays qui possèdent d'abondantes ressources. C'est aussi une mesure fiscale « équitable » en ce qu'elle permet à la collectivité dans son ensemble de tirer profit de l'extraction des ressources naturelles du pays, et éventuellement de réduire d'autres impôts plus distorsifs. Il est prévu de mener de nouveaux travaux en 2015-16 afin d'aider les gouvernements – en particulier ceux des pays en développement – à tirer un rendement approprié de l'extraction des ressources non renouvelables, y compris par le biais d'aide en matière d'imposition des rentes de ressources s'ils en font la demande, en collaboration avec des partenaires pour le développement comme le Fonds monétaire international et la Banque mondiale.

Ajustement n° 5 : Développer davantage avant et utiliser les indicateurs phares pour sensibiliser les acteurs, mesurer les progrès et mettre en évidence les opportunités et les risques.

La série complète des indicateurs de la croissance verte s'accompagne d'un ensemble restreint d'indicateurs « phares » destinés à mettre en relation et suivre les volets essentiels de la croissance verte. L'élaboration d'indicateurs phares était envisagée dans la Stratégie pour une croissance verte de 2011. Sur les six indicateurs phares qui ont été proposés depuis lors (graphique 3.2), deux sont aujourd'hui produits – les indicateurs de productivité carbone et de productivité matérielle non-énergétique. Ils visent à rendre compte de l'efficacité de l'économie sous l'angle de la production de CO_2 des activités économiques (rapportée à la production et à la consommation) et de la quantité de matières premières et des autres produits de base nécessaires à un certain niveau de production économique.

Il importe de collecter systématiquement les données afin d'évaluer et de suivre la transition vers une croissance verte.

Des travaux méthodologiques sont menés pour développer les autres indicateurs, dans le cadre d'un groupe d'étude de l'OCDE qui rassemble 12 pays et 3 institutions. Parmi ces indicateurs, il y a la productivité (multifactorielle) macroéconomique corrigée des incidences environnementales ; un indice des ressources naturelles, qui a pour but de suivre la durabilité du stock d'actifs naturels, renouvelables et non renouvelables ; les changements d'affectation et de couverture des terres, en vue d'évaluer les pressions sur la biodiversité et les écosystèmes qui ne sont pas prises en compte dans l'indice des ressources naturelles; et l'exposition de la population à la pollution atmosphérique ($PM_{2,5}$), qui met en lumière un élément important de la qualité environnementale de la vie. Les possibilités d'utiliser les données d'observation de la Terre et autres données géospatiales pour produire ces deux derniers indicateurs sont actuellement étudiées. Enfin, un indicateur phare se rapportant aux opportunités économiques associées à la transition vers une croissance verte sera proposé, mais il n'a pas encore été défini. L'élaboration de plusieurs indicateurs potentiels –notamment concernant l'innovation dans les technologies en rapport avec l'environnement, les taxes liées à l'environnement, ainsi que la sévérité et la conception des politiques environnementales – est bien avancée. Les indicateurs phares méritent d'être abordés dans la Stratégie pour une croissance verte.

Le perfectionnement du cadre de mesure de la croissance verte nécessite des progrès sur deux fronts : la méthodologie des indicateurs et la collecte des données nécessaires à leur production. Les gouvernements doivent poursuivre leurs efforts visant à garantir la disponibilité et la qualité des données requises pour produire les indicateurs de la croissance verte et les utiliser dans les études et analyses des politiques par pays qui touchent à la croissance verte. Le rôle des agences

GRAPHIQUE 3.2 – SIX INDICATEURS PHARES DE LA CROISSANCE VERTE

TRANSITION VERS UNE ÉCONOMIE BAS CARBONE SOBRE EN RESSOURCES

Les ressources et services environnementaux sont-ils utilisés de façon efficiente?

Productivité carbone

Productivité matérielle non énergétique

Productivité (multifactorielle) de l'ensemble de l'économie reflétant les services environnementaux

QUALITÉ ENVIRONNEMENTALE DE LA VIE

En quoi l'état de l'environnement influe-t-il sur les conditions de vie ? De quel type d'accès aux aménités et services environnementaux le public dispose-t-il?

Exposition de la population aux polluants atmosphériques (PM 2.5) (impacts sanitaires de la dégradation de l'environnement et coûts associés)

BASE D'ACTIFS NATURELS

Les ressources environnementales et économiques sont-elles préservées, pour accompagner la croissance de demain?

Indice des ressources naturelles

Modification de la couverture et de l'utilisation des terres (pressions sur la biodiversité et les écosystèmes)

OPPORTUNITÉS ÉCONOMIQUES ET EFFICACITÉ DES POLITIQUES

En quoi l'état de l'environnement influe-t-il sur les conditions de vie ? De quel type d'accès aux aménités et services environnementaux le public dispose-t-il?

Indicateur phare à déterminer

statistiques nationales est vital. Une fois les indicateurs au point, le recours à des indices supplétifs ou à des estimations préliminaires assortis des mises en garde voulues peut permettre d'améliorer la disponibilité et la qualité des données sous-jacentes dans les pays où il n'existe pas encore de données de bonne qualité. Les déficits de données se répercutent notamment sur la production de comptes économiques et environnementaux comparables sur le plan international (comptes des émissions atmosphériques, des ressources naturelles telles que les actifs minéraux et énergétiques, des ressources en eau douce, en forêts et en sols, etc.). Les comptes d'émissions atmosphériques sont aujourd'hui disponibles uniquement en Australie, au Canada, en Norvège, en Suisse, en Turquie et dans les pays de l'Union européenne. Quant aux comptes d'actifs minéraux et énergétiques, qui sont étayés par des données sur les coûts d'extraction des ressources naturelles, seuls les pays richement dotés en ressources les produisent en règle générale – mais comme tous les pays puisent dans le même réservoir de ressources, les informations sur les stocks restants sont un bien public aussi bien pour les pays riches en ressources que les pays pauvres en ressources. Un autre défi consiste à assurer la disponibilité de données comparables au niveau international sur les rejets de polluants dans l'environnement (comme celles collectées aujourd'hui au niveau national dans le cadre des inventaires des émissions et des transferts de matières polluantes) ou sur l'état de l'environnement en général (qualité de l'air et de l'eau, biodiversité et santé des écosystèmes, y compris du milieu marin...), qui sont à bien des égards indispensables pour suivre les progrès sur la voie d'une croissance verte.

Les indicateurs sectoriels peuvent aider à faire prévaloir une croissance verte dans des secteurs importants comme l'agriculture et l'énergie. Les récents travaux consacrés aux indicateurs dans le secteur agricole démontrent l'intérêt que revêt l'élaboration d'indicateurs spécialement adaptés pour suivre les progrès sur la voie d'une croissance verte dans des secteurs particuliers. L'étude Indicateurs de croissance verte pour l'agriculture : Évaluation préliminaire (OCDE, 2014c) propose 25 indicateurs pour saisir les principaux aspects d'un secteur agricole sobre en carbone et économe en ressources. Le rapport Tracking Clean Energy Progress publié chaque année par l'Agence internationale de l'énergie (AIE) évalue les avancées en matière de pénétration des technologies, de création de marchés et de développement technologique dans tous les secteurs du système énergétique, dont la production d'électricité, l'utilisation finale, l'intégration des systèmes ainsi que le captage et le stockage du carbone (AIE, 2014d).

Prendre en compte les défis et les opportunités spécifiques que représente la croissance verte pour les économies en développement et émergentes

La croissance verte sera essentielle pour assurer la prospérité à long terme des économies émergentes et en développement. L'étude Placer la croissance verte au cœur du développement (OCDE, 2013g) observe que les défis et les choix stratégiques ne sont pas les mêmes que dans le cas des économies développées. Ils émanent de l'importance de l'économie informelle ; des taux élevés de pauvreté et d'inégalité ; de la faiblesse des capacités et des moyens d'innovation et d'investissement (du secteur public comme du secteur privé); du besoin d'assurer rapidement le développement, la croissance économique et l'amélioration du bien-être ; et du peu de mécanismes offrant des incitations financières suffisantes à ceux qui protègent les actifs naturels. Ainsi, les pays en développement peuvent nécessiter une combinaison et une panoplie de mesures différentes que les pays développés.

La croissance verte sera essentielle pour assurer la prospérité à long terme des économies émergentes et en développement ; les politiques doivent être adaptées à leurs besoins.

PROCHAINES ÉTAPES – ENRICHIR LES CONSEILS EN MATIÈRE DE CROISSANCE VERTE

Les ajustements proposés dans ce chapitre suggèrent un certain nombre de priorités de travail pour les gouvernements, l'OCDE et les autres institutions pertinentes. Le graphique 3.3 les passe en revue, afin de mieux cibler le travail d'analyse et les conseils futurs visant à soutenir les efforts de mise en œuvre des pays. Si les priorités évoquées ci-après méritent une attention particulière de la part des gouvernements, elles ne doivent pas faire oublier la nécessité de prendre en compte la panoplie toute entière des mesures d'application des réformes détaillées dans la Stratégie pour une croissance verte.

GRAPHIQUE 3.3 – PRIORITÉS DE TRAVAIL FUTURES VISANT À ENRICHIR LES CONSEILS EN MATIÈRE DE CROISSANCE VERTE

- **Poursuivre les travaux consacrés aux effets des politiques environnementales sur l'investissement, l'entrée et la sortie des entreprises, les échanges internationaux et les délocalisationsaisni que les travaux consacrés aux processus d'investissement, d'emploi et de production, afin de mieux comprendre les incidences économiques plus générales des politiques d'environnement.**
- Poursuivre les travaux d'évaluation ex post des politiques au niveau microéconomique afin de mieux cerner les conséquences des politiques d'environnement sur les ménages et les entreprises.
- **Poursuivre les travaux afin d'évaluer les conséquences économiques des risques liés au changement climatique aux niveaux régional et sectoriel, et quantifier les effets de retour de la pollution atmosphérique, de même que les relations entre les terres, l'eau et l'énergie.**
- Développer les connaissances sur les coûts économiques des conséquences sanitaires de la pollution atmosphérique.
- **Systématiser la prise en compte des interactions environnement-économie dans l'application des instruments d'orientation pour l'action, tels que les cadres pluridimensionnels ou les scénarios à long-terme.**
- Utiliser régulièrement et systématiquement les analyses coûts-avantages lors de la conception des politiques et de la mise en œuvre des projets.

- **Chercher à mieux comprendre comment les effets régressifs des politiques environnementales risquent de peser plus particulièrement sur les ménage; analyser l'impact de la fiscalité énergétique sur le coût de l'énergie au niveau des ménages; examiner les mesures absolues de l'accessibilité de l'énergie et les possibles réformes de la fiscalité énergétique; répertorier les meilleures pratiques qui se font jour à la lumière de l'expérience acquise jusqu'ici, sous l'angle de l'économie politique notamment.**
- Développer les travaux sur les meilleures « solutions de repli », qu'il s'agisse de la tarification implicite ou de la réglementation, compte tenu des problèmes que posent actuellement les mécanismes, de tarification directe notamment (y compris les augmentations problables de coûts).
- **Entreprendre des travaux pour élaborer des projections plus précises de l'ampleur des probables changements structurels et des réactions potentielles des marchés du travail nationaux.**
- Chercher à mieux comprendre les incidences probables sur la demande de compétences.
- **Poursuivre les travaux de modélisation consacrés aux impacts sur la rémunération relative associée à des compétences particulières.**
- Développer les connaissances sur la façon de concevoir des politiques de croissance verte qui contribuent à la réduction de la pauvreté, en particulier dans les économies en développement et émergentes.

3 Veiller à ce que les politiques environnementales soient cohérentes et harmonisées à l'intérieur des secteurs et entre eux

- **Évaluer les politiques thématiques et sectorielles pour s'assurer de leur cohérence interne et de leur orientation à l'appui de la croissance verte. Le rapport de l'OCDE "Taxing Energy Use" offre un bon point de départ pour l'évaluation des politiques fiscales.**
- Évaluer les politiques thématiques et sectorielles pour assurer l'harmonisation intersectorielle des politiques à l'appui de la croissance verte. Le projet de l'OCDE sur l'Harmonisation des politiques au service de la transition vers une économie sobre en carbone offre un bon point de départ pour la réflexion sur la politique climatique.
- **Envisager d'entreprendre de nouveaux travaux pour aider les responsables publics à harmoniser les politiques à l'intérieur des secteurs et entre eux dans une optique de croissance verte. Il pourrait s'agir par exemple d'engager des travaux pour évaluer l'harmonisation des politiques de conservation et d'utilisation durable de la biodiversité dans des secteurs tels que l'agriculture, le tourisme et la pêche.**
- Redoubler d'efforts pour éliminer les 640 milliards USD de subventions aux combustibles fossiles actuellement versées par les gouvernements.
- **Intensifier les efforts pour orienter les systèmes d'innovation de manière à accélérer et infléchir l'innovation vers les technologies et procédés verts. Le Forum sur la croissance verte et le développement durable, qui se tiendra en 2015 sur le thème « Création des conditions de la prochaine révolution industrielle : mettre la pensée systémique et la politique de l'innovation au service de la croissance verte » servira de tremplin à ces travaux. Le processus de révision de la Stratégie de l'innovation entrera aussi dans ce cadre.**

4 Prendre en considération l'économie des océans et les industries extractives dans le cadre de l'adaptation des politiques sectorielles à la croissance verte

- **Faire avancer les travaux pour examiner les problèmes de croissance verte liés aux nouvelles industries de l'océan et aux activités minières.**

5 Utiliser les indicateurs phares pour sensibiliser les acteurs, mesurer les progrès et repérer les opportunités et les risques

- **Poursuivre les travaux méthodologiques de développement des indicateurs phares de la croissance verte et de l'ensemble plus large d'indicateurs de croissance verte, en veillant à les mettre en cohérence avec les indicateurs de réduction au minimum des obstacles à l'entrée et à la concurrence.**
- Continuer d'améliorer la mesure des stocks de capital naturel en termes physiques et monétaires. Les travaux porteront notamment sur la mesure des ressources en terre et des ressources naturelles, en cherchant à mettre en œuvre les principaux éléments du SCEE.
- **Envisager de développer des indicateurs sectoriels pour suivre et surveiller les progrès réalisés dans les différents secteurs.**

6 Prendre en considération l'ensemble particulier de défis et d'opportunités que représente la croissance verte pour les économies en développement et émergentes

- **Définir explicitement les liens qui existent entre la Stratégie de l'OCDE pour une croissance verte et la Stratégie de l'OCDE pour le développement et améliorer les connaissances sur la façon d'associer et d'articuler dans le temps les instruments nécessaires aux économies en développement et émergentes pour promouvoir la croissance verte.**
- Incorporer les considérations environnementales dans les conseils en matière d'économie et de gouvernance dispensés par l'OCDE aux décideurs des pays en développement et émergents, dans le cadre notamment du processus d'examen par les pairs, de la Stratégie de relations mondiales et des programmes régionaux de l'OCDE.

REFERENCES BIBLIOGRAPHIQUES

AIE (2014), *World Energy Outlook 2014*, AIE, Paris, http://dx.doi.org/10.1787/weo-2014-en.

AIE (2014), *Energy Technology Perspectives 2014*, AIE, Paris, http://dx.doi.org/10.1787/energy_tech-2014-en.

AIE (2014), *Medium-Term Renewable Energy Market Report 2014*, AIE, Paris, http://dx.doi.org/10.1787/renewmar-2014-en.

AIE (2014), *Tracking Clean Energy Progress Report 2014*, AIE, Paris, http://www.iea.org/etp/tracking/.

Albrizio, S., T. Koźluk et V. Zipperer (2014), « Empirical Evidence on the Effects of Environmental Policy Stringency on Productivity Growth », *Documents de travail du Département des affaires économiques de l'OCDE*, n° 1179, Éditions OCDE, Paris, http://dx.doi.org/10.1787/5jxrjnb36b40-en.

Arlinghaus, J. (2015), « Impacts of Carbon Pricing on Indicators of Competitiveness: A Review of Empirical Findings », *Documents de travail de l'OCDE sur l'environnement*, n° 87, Éditions OCDE, Paris, http://dx.doi.org/10.1787/5js37p21grzq-en.

Bahar, H., J. Egeland et R. Steenblik (2013), « Domestic Incentive Measures for Renewable Energy with Possible Trade Implications », *Documents de travail de l'OCDE sur les échanges et l'environnement*, n° 2013/01, Éditions OCDE, Paris, http://dx.doi.org/10.1787/5k44srlksr6f-en.

Banister, D., P. Crist et S. Perkins (2015), "Land Transport and How to Unlock Investment in Support of "Green Growth", *OECD Green Growth Papers*, No. 2015/01, Éditions OCDE , Paris, http://dx.doi.org/10.1787/5js65xnk52kc-en.

Beltramello, A., L. Haie-Fayle et D. Pilat (2013), « Why New Business Models Matter for Green Growth », *OECD Green Growth Papers*, n° 2013/01, Éditions OCDE, Paris, http://dx.doi.org/10.1787/5k97gk40v3ln-en.

Botta, E. et T. Koźluk (2014), « Measuring Environmental Policy Stringency in OECD Countries: A Composite Index Approach », *Documents de travail du Département des affaires économiques de l'OCDE*, n° 1177, Éditions OCDE, Paris, http://dx.doi.org/10.1787/5jxrjnc45gvg-en.

Criscuolo, C. et C. Menon (2014), « Environmental Policies and Risk Finance in the Green Sector: Cross-country Evidence », *OECD Science, Technology and Industry Working Papers*, n° 2014/01, Éditions OCDE, Paris, http://dx.doi.org/10.1787/5jz6wn918j37-en.

Criscuolo, C. et al., (2014), « Renewable Energy Policies and Cross-border Investment: Evidence from Mergers and Acquisitions in Solar and Wind Energy », *OECD Science, Technology and Industry Working Papers*, 2014/03, Éditions OCDE, Paris, http://dx.doi.org/10.1787/5jxv9f3r9623-en.

Dechezleprêtre, A., I. Haščič et N. Johnstone (2015), « Invention and International Diffusion of Water Conservation and Availability Technologies: Evidence from Patent Data », *Documents de travail de l'OCDE sur l'environnement*, n° 82, Éditions OCDE, Paris, http://dx.doi.org/10.1787/5js679fvllhg-en.

Dellink, R. et al., (2014), « Consequences of Climate Change Damages for Economic Growth: A Dynamic Quantitative Assessment », *Documents de travail du Département des affaires économiques de l'OCDE*, n° 1135, Éditions OCDE, Paris, http://dx.doi.org/10.1787/5jz2bxb8kmf3-en.

Egli, F., C. Menon et N. Johnstone (à paraître), « Quality and Breakthrough Inventions: The Case of Climate Mitigation Technologies », *OECD Science, Technology and Industry Working Papers*, Éditions OCDE, Paris.

Greene, J. et N.A. Braathen (2014), « Tax Preferences for Environmental Goals: Use, Limitations and Preferred Practices », *Documents de travail de l'OCDE sur l'environnement*, n° 71, Éditions OCDE, Paris, http://dx.doi.org/10.1787/5jxwrr4hkd6l-en.

Harding, M. (2014a), « The Diesel Differential: Differences in the Tax Treatment of Gasoline and Diesel for Road Use », *Documents de travail de l'OCDE sur la fiscalité*, n° 21, Éditions OCDE, Paris, http://dx.doi.org/10.1787/5jz14cd7hk6b-en.

Harding, M. (2014b), « Personal Tax Treatment of Company Cars and Commuting Expenses: Estimating the Fiscal and Environmental Costs », *Documents de travail de l'OCDE sur la fiscalité*, n° 20, Éditions OCDE, Paris, http://dx.doi.org/10.1787/5jz14cg1s7vl-en.

Kaminker, C. et al., (2013), « Institutional Investors and Green Infrastructure Investments: Selected Case Studies », *Documents de travail de l'OCDE sur la finance, l'assurance et les pensions privées*, n° 35, Éditions OCDE, Paris, http://dx.doi.org/10.1787/5k3xr8k6jb0n-en.

Kennedy, C et J. Corfee-Morlot (2013), « Past performance and future needs for low carbon climate resilient infrastructure – An investment perspective », www.sciencedirect.com/science/article/pii/S0301421513002814.

Koźluk, T. (2014), "The Indicators of the Economic Burdens of Environmental Policy Design: Results from the OECD Questionnaire", *Documents de travail du Département des affaires économiques de l'OCDE*, n° 1178, Éditions OCDE, Paris, http://dx.doi.org/10.1787/5jxrjnbnbm8v-en.

Mullan, M. et al., (2013), « National Adaptation Planning: Lessons from OECD Countries », *Documents de travail de l'OCDE sur l'environnement*, n° 54, Éditions OCDE, Paris, http://dx.doi.org/10.1787/5k483jpfpsq1-en.

OECD/Cedefop (2014), Greener Skills and Jobs, Études de l'OCDE sur la croissance verte, Editions OCDE, Paris, http://dx.doi.org/10.1787/9789264208704-en.

OECD/FIT (2015), *Perspectives des transports FIT 2015*, Éditions OCDE, Paris, http://dx.doi.org/10.1787/9789282107805-fr.

OCDE (2015, à paraître a), « Aligning Policies for the Transition to a Low-carbon Economy, » Éditions OCDE, Paris, http://dx.doi.org/10.1787/9789264233294-en.

OCDE (à paraître b), « Achieving a level playing field for International Investment in Green Energy », Éditions OCDE, Paris.

OCDE (à paraître c), « Promouvoir la croissance verte en agriculture : le rôle de la formation, des services de conseil et des mesures de vulgarisation », Éditions OCDE, Paris, http://dx.doi.org/10.1787/9789264232198-en.

OCDE (à paraître d), « Biodiversity offsets: Effective Design and Implementation », Editions OCDE, Paris.

OCDE (à paraître e), « Climate Change Risks and Adaptation: Linking Policy and Economics», Èditions OCDE, Paris.

OCDE (2015a), *Policy guidance for Investment in Clean Energy Infrastructure: Expanding Access to Clean Energy for Green Growth and Development*, Éditions OCDE, Paris, http://dx.doi.org/10.1787/9789264212664-en.

OCDE (2015b), *Mapping Channels to Mobilise Institutional Investment in Sustainable Energy, Green Finance and Investment*, Éditions OCDE, Paris, http://dx.doi.org/10.1787/9789264224582-en.

OCDE (2015c), « Domestic Incentive Measures for Environmental Goods with Possible Trade Implications: *Electric Vehicles and Batteries* », Éditions OCDE, Paris, COM/TAD/ENV/JWPTE(2013)27/FINAL.

OECD (2015d), *Water Resources Allocation: Sharing Risks and Opportunities*, Études de l'OCDE sur l'eau, Éditions OCDE, Paris, http://dx.doi.org/10.1787/9789264229631-en.

OCDE (2015e), *Material Resources, Productivity and the Environment*, Études de l'OCDE sur la croissance verte, Éditions OCDE, Paris, http://dx.doi.org/10.1787/9789264190504-en.

OCDE (2015f), *Green Growth in Fisheries and Aquaculture*, Études de l'OCDE sur la croissance verte, Éditions OCDE, Paris, http://dx.doi.org/10.1787/9789264232143-en.

OCDE (2014a), *Green Growth Indicators 2014*, Études de l'OCDE sur la croissance verte, Éditions OCDE, Paris, http://dx.doi.org/10.1787/9789264202030-en.

OCDE (2014b), *Le coût de la pollution de l'air : Impacts sanitaires du transport routier*, Éditions OCDE, Paris, http://dx.doi.org/10.1787/9789264220522-fr.

OCDE (2014c), *Indicateurs de croissance verte pour l'agriculture: Évaluation préliminaire*, Études de l'OCDE sur la croissance verte, Éditions OCDE, Paris, http://dx.doi.org/10.1787/9789264226111-fr.

OCDE (2014d), « Déchets municipaux », *Statistiques de l'OCDE sur l'environnement* (base de données), https://data.oecd.org/waste/municipal-waste.htm.

OCDE (2014e), « Créer un environnement favorable à l'investissement et au développement durable », in *Coopération pour le développement 2014 : Mobiliser les ressources au service du développement durable*, Éditions OCDE, Paris, http://dx.doi.org/10.1787/dcr-2014-fr.

OCDE (2014f), « Trouver des synergies au service du financement de l'environnement et du développement », in *Coopération pour le développement 2014 : Mobiliser les ressources au service du développement durable*, Éditions OCDE, Paris, http://dx.doi.org/10.1787/dcr-2014-fr.

OCDE (2014g), *Job Creation and Local Economic Development*, Éditions OCDE, Paris, http://dx.doi.org/10.1787/9789264215009-en.

OCDE (2013a), *Prix effectifs du carbone*, Éditions OCDE, Paris, http://dx.doi.org/10.1787/9789264197138-fr.

OCDE (2013b), *Taxing Energy Use: A Graphical Analysis*, Éditions OCDE, Paris, http://dx.doi.org/10.1787/9789264183933-en.

OCDE (2013c), *Inventory of Estimated Budgetary Support and Tax Expenditures for Fossil Fuels 2013*, Éditions OCDE, Paris, http://dx.doi.org/10.1787/9789264187610-en.

OCDE (2013d), *Long-term investors and green infrastructure: policy highlights*, OCDE, Paris, www.oecd.org/env/cc/Investors%20in%20Green%20Infrastructure%20brochure%20(f)%20[lr].pdf.

OCDE (2013e), *Moyens d'action au service de la croissance verte en agriculture*, Études de l'OCDE sur la croissance verte, Éditions OCDE, http://dx.doi.org/10.1787/9789264204140-fr.

OCDE (2013f), *Renforcer les mécanismes de financement de la biodiversité*, Éditions OCDE, Paris, http://dx.doi.org/10.1787/9789264195547-fr.

OCDE (2013g), *Placer la croissance verte au cœur du développement*, Études de l'OCDE sur la croissance verte, Éditions OCDE, Paris, http://dx.doi.org/10.1787/9789264206281-fr.

OCDE (2013h), *Green Growth in Cities* (2013), Études de l'OCDE sur la croissance verte, Éditions OCDE, Paris, http://dx.doi.org/10.1787/9789264195325-en.

OCDE (2012a), *La valorisation du risque de mortalité dans les politiques de l'environnement, de la santé et des transports*, Éditions OCDE, Paris, http://dx.doi.org/10.1787/9789264169623-fr.

OCDE (2012b), *Énergie*, Études de l'OCDE sur la croissance verte, Éditions OCDE, Paris, http://dx.doi.org/10.1787/9789264168480-fr.

OCDE (2012c), *Meeting the Water Reform Challenge*, Études de l'OCDE sur l'eau, Éditions OCDE, Paris, http://dx.doi.org/10.1787/9789264170001-en.

OCDE (2012d), *Perspectives de l'environnement de l'OCDE à l'horizon 2050: Les conséquences de l'inaction*, Éditions OCDE, Paris, http://dx.doi.org/10.1787/env_outlook-2012-fr.

OCDE (2012e), *Compact City Policies: A Comparative Assessment, Études de l'OCDE sur la croissance verte*, Éditions OCDE, Paris, http://dx.doi.org/10.1787/9789264167865-en.

OCDE (2012f), *Linking Renewable Energy to Rural Development*, Études de l'OCDE sur la croissance verte, Éditions OCDE, Paris, http://dx.doi.org/10.1787/9789264180444-en.

OCDE (2012g), « The Jobs Potential of a Shift Towards a Low-Carbon Economy », *OECD Green Growth Papers*, n° 2012/01, Éditions OCDE, Paris, http://dx.doi.org/10.1787/5k9h3630320v-en.

Poirier, J. et al., (2015), « The Benefits of International Co-authorship in Scientific Papers: The Case of Wind Energy Technologies », *Documents de travail de l'OCDE sur l'environnement*, n° 81, Éditions OCDE, Paris, http://dx.doi.org/10.1787/5js69ld9w9nv-en.

Roy, R. (2014), « Environmental and Related Social Costs of the Tax Treatment of Company Cars and Commuting Expenses », *Documents de travail de l'OCDE sur l'environnement*, n° 70, Éditions OCDE, Paris, http://dx.doi.org/10.1787/5jxwrr5163zp-en.

Sauvage, J. (2014), "The Stringency of Environmental Regulations and Trade in Environmental Goods", *Documents de travail de l'OCDE sur les échanges et environnement*, n° 2014/03, Editions OCDE, Paris, http://dx.doi.org/10.1787/5jxrjn7xsnmq-en.

TNO (2013), *Kansen voor een circulaire economie in Nederland* [« Opportunités pour une économie circulaire aux Pays-Bas »], TNO, Delft, http://www.rijksoverheid.nl/bestanden/documenten-en.-publicaties/rapporten/2013/06/20/tno-rapport-kansen-voor-de-circulaire-economie-in-nederland/tno-rapport-kansen-voor-de-circulaire-economie-in-nederland.pdf.

Wilson, L. et al., (2014), « The Role of National Ecosystem Assessments in Influencing Policy Making », *Documents de travail de l'OCDE sur l'environnement*, n° 60, Éditions OCDE, Paris, http://dx.doi.org/10.1787/5jxvl3zsbhkk-en.

CHAPITRE 4

L'IMPORTANCE DU **CADRE INSTITUTIONNEL** POUR L'INTÉGRATION TRANSVERSALE DE LA CROISSANCE VERTE

Ce chapitre décrit la façon dont la croissance verte est mise en œuvre dans le programme de travail de l'Organisation et examine les avancées de son intégration transversale depuis 2011, en se basant sur les travaux de suivi des politiques nationales de l'OCDE pour mesurer les progrès accomplis dans l'ensemble des secteurs de l'Organisation (par exemple, dans les *Études économiques, les Examens des politiques d'innovation, les Examens des politiques de l'investissement et les Examens environnementaux de l'OCDE*). Le chapitre dégage un certain nombre d'enseignements de ce processus d'intégration transversale rapide, bien qu'inégale, afin accélérer les progrès aussi bien à l'OCDE que pour les gouvernements et les autres organisations qui œuvrent à la prise en compte systématique de la croissance verte.

L'intégration transversale de la croissance verte progresse à bonne allure à l'OCDE, mais les progrès sont inégaux. Cette expérience est source d'enseignements instructifs pour l'Organisation et pour les États qui visent à mettre en œuvre des mécanismes institutionnels en faveur de la croissance verte.

L'intégration transversale de la croissance verte progresse à bonne allure au sein de l'OCDE, mais les progrès sont inégaux; quels enseignements en ressortent sur le processus en cours ? Les travaux sur la croissance verte à l'OCDE ont évolué très rapidement et ont été cohérents avec l'effort d'intégration transversale concerté accompli depuis le lancement de la Stratégie pour une croissance verte en 2011. Ce chapitre présente la façon dont la croissance verte est mise en œuvre dans le programme de travail de l'Organisation. Il examine les avancées de son intégration transversale ces quatre dernières années, en se basant sur les activités de suivi des politiques nationales de l'OCDE, qui sont pertinentes pour la croissance verte et révélatrices des progrès réalisés. Il aborde également les enseignements tirés des écarts notables dans la progression de cette intégration transversale entre les différentes séries de publications et entre les thématiques : quels mécanismes ont favorisé l'intégration transversale dans certains domaines plutôt que d'autres, et quels enseignements les gouvernements, l'OCDE et d'autres organisations peuvent-elles en tirer ? Quels sont les moyens pratiques de traiter l'ensemble des questions liées à la croissance verte dans tous les secteurs de l'Organisation ? Ce chapitre examine également les possibilités d'améliorer l'utilisation des indicateurs de la croissance verte en tant que mécanisme central pour faciliter le processus d'intégration transversale.

L'analyse des moyens permettant d'accélérer et de simplifier le processus d'intégration transversale se justifie de deux façons. Premièrement, elle présente les enseignements du processus mené par l'OCDE, au profit des administrations publiques et d'autres institutions cherchant à faire progresser la croissance verte. Pour aligner les objectifs de croissance et d'environnement, les gouvernements pourront envisager de prendre des mesures semblables à celles mises en place par l'OCDE, et notamment s'atteler à la difficulté de coordonner les différents domaines d'action et ministères. C'est ce qui rend instructive l'expérience de l'OCDE, en particulier dans les secteurs où l'intégration transversale a été plutôt rapide. Deuxièmement, cette analyse se penche sur l'application possible des enseignements aux travaux de l'OCDE sur la croissance verte, afin de maximiser son impact au sein du conseil d'administration. L'objectif final est de mieux soutenir les pouvoirs publics dans leur mise en œuvre de la croissance verte.

INTÉGRATION TRANSVERSALE DE LA CROISSANCE VERTE

À l'instar des stratégies de croissance verte qui doivent être intégrées à l'action des pouvoirs publics pour porter leurs fruits, l'OCDE choisit de dispenser des conseils cohérents dans tous les domaines de l'action publique afin d'aider les pouvoirs publics. Depuis la Déclaration ministérielle de l'OCDE sur la croissance verte de 2009, l'Organisation a entamé un processus délibéré pour promouvoir et coordonner les différents volets de la croissance verte dans ses programmes de travail. Le graphique 4.1 donne un aperçu des mesures de gouvernance de l'Organisation.

Une supervision stratégique au plus haut niveau, encadrée par les responsables de l'élaboration des politiques économique et environnementale. Conformément aux conseils sur la gouvernance donnés aux pouvoirs publics dans la Stratégie pour une croissance verte de 2011, les travaux sur la croissance verte à l'OCDE sont supervisés aux plus hauts niveaux de l'Organisation, les orientations stratégiques étant fournies par le Secrétaire général adjoint. La supervision est partagée entre le Chef économiste de l'OCDE, qui contribue à promouvoir l'intégration des objectifs de la croissance verte dans les conseils de politique économique dispensés par l'Organisation, et le Directeur de l'environnement.

Les mécanismes visant à remédier à l'inertie institutionnelle et à promouvoir la coopération. La supervision quotidienne du processus d'intégration transversale relève de la responsabilité d'un Coordinateur de la croissance verte, qui assure le suivi et contribue à l'intégration de la croissance verte dans les différents comités de l'OCDE. Il est assisté par l'Unité Croissance verte. Cette Unité se trouve à la Direction de l'environnement, mais reçoit ses orientations du Groupe chargé de la croissance verte, composé de représentants de haut rang des quatre principales directions qui pilotent la croissance verte – la Direction des affaires économiques, la Direction de la science, de la technologie et de l'innovation, la Direction des statistiques et la Direction de l'environnement– et renforcé par des représentants d'autres directions en fonction des besoins. Le Groupe se réunit deux à trois fois par an pour orienter les travaux de la croissance verte et assurer leur cohérence. Au sein de la Direction des affaires économiques, un économiste principal est affecté à temps complet à la coordination et à l'intégration de la croissance verte aux conseils fondamentaux en matière de politique économique que la Direction dispense aux pays. Un autre économiste principal est affecté à la Direction des affaires économiques et à la Direction de l'environnement pour faire le lien entre les travaux menés dans les deux directions sur les politiques environnementales et les déterminants de la croissance.

Un groupe informel de représentants permanents auprès de l'OCDE issus des délégations fournit des orientations sur la coordination des travaux de l'Organisation, du point de vue des représentants nationaux. Le réseau « Les Amis de la croissance verte » se concerte ponctuellement dans le cadre de réunions ou par courrier électronique, pour appuyer les orientations du programme de travail de la croissance verte. Il constitue un lien important avec les pays pour contribuer à élaborer une perspective pangouvernementale sur des questions pertinentes.

Promouvoir le dialogue interdisciplinaire et les synergies sur des thématiques transversales liées à la croissance verte : le Forum sur la croissance verte et le développement durable. Le Forum sur la croissance verte et le développement durable (CVDD)[1] est le mécanisme principal de l'OCDE destiné à favoriser l'intégration de la croissance verte. Le forum se réunit annuellement depuis 2012 ; il aborde un sujet différent chaque année et rassemble les experts de tous les domaines de l'action publique autour d'une thématique spécifique. Sa mission première est de jouer le rôle d'instrument pluridisciplinaire pour faire progresser les travaux de l'OCDE sur la croissance verte et notamment déterminer les lacunes qui mériteraient un examen plus approfondi de la part des comités. L'objectif est de recenser les lacunes de connaissances et de concevoir des programmes de travail pour les combler. Outre les travaux internes, le Forum CVDD soutient l'élaboration des politiques nationales, en partageant l'analyse et les expériences de l'action publique dans les différents pays et secteurs[2]. Le Forum de 2015 se tiendra les 14 et 15 décembre et abordera le thème « Création des conditions de la prochaine révolution industrielle : mettre la pensée systémique et la politique de l'innovation au service de la croissance verte ». Les événements précédents ont porté sur le thème « Les conséquences sociales des stratégies de croissance verte » (2014), « Comment mobiliser la croissance en faveur de la croissance verte ? » (2013) et « Encourager l'exploitation efficace et durable des ressources naturelles : instruments d'action et acceptabilité sociale » (2012).

GRAPHIQUE 4.1 – GOUVERNANCE DE LA CROISSANCE VERTE À L'OCDE

À QUEL STADE EN EST LE PROCESSUS D'INTÉGRATION ?

Le suivi des politiques nationales de l'OCDE : un révélateur des progrès accomplis. Les *Études économiques*, les *Examens des politiques de l'investissement*, les *Examens environnementaux* et les *Examens des politiques d'innovation*, en tant que séries principales de suivi des politiques nationales en matière de croissance verte, permettent d'évaluer la progression de l'intégration de la croissance verte au sein de l'OCDE. Les *Études économiques* et les *Examens environnementaux* sont des processus d'examen obligatoires pour l'ensemble des pays de l'OCDE et se sont peu à peu étendues aux partenaires clés. Les *Examens des politiques d'innovation* sont menés sur une base volontaire et les *Examens des politiques de l'investissement* concernent uniquement les économies partenaires. Globalement, de grandes avancées ont été accomplies. Près de 70 % des examens par pays publiés depuis le lancement de la Stratégie pour une croissance verte, soit 80 rapports sur 115, comprennent des recommandations pertinentes en matière de croissance verte[3] : recommandations concrètes dans les synthèses, sections sur l'évaluation et les recommandations, ou résumés de chapitre. Ces travaux sont complétés par un très grand nombre de publications, parues depuis 2011, en rapport avec certains secteurs ou certaines questions (plus de 130 dans les différents domaines de l'action publique).

70 % des rapports de suivi des politiques nationales établis depuis 2011 contiennent des recommandations sur la croissance verte.

Les activités de suivi des politiques nationales de l'OCDE montrent que les progrès de l'intégration transversale sont inégaux au sein de l'Organisation. Dans certains domaines, les progrès sont plutôt rapides, mais dans d'autres, les travaux doivent se poursuivre. Depuis 2011, les *Examens environnementaux* comprennent un chapitre dédié à l'évaluation de la progression vers la croissance verte ; il constitue l'un des trois chapitres fondamentaux de l'examen (graphique 4.2). Par conséquent, les 14 *Examens environnementaux* pris en compte dans le cadre de ce rapport comprennent des recommandations sur la croissance verte. Parmi les autres séries, 62 des *Études économiques passées* en revue (soit environ 82 %) comprennent des recommandations relatives à la croissance verte, contre 4 seulement des 14 *Examens des politiques de l'investissement* (environ 30 %). Aucun des 12 *Examens des politiques d'innovation* n'en comprend, malgré d'importants travaux menés sur la politique d'innovation verte dans le cadre d'autres activités thématiques menées dans les comités concernés (chapitre 3) et l'importance de la politique d'innovation pour la croissance verte. Il reste donc beaucoup à faire.

Le traitement des questions relatives à la croissance verte varie sensiblement. Le graphique 4.3 montre à quelle fréquence diverses questions relatives à la croissance verte sont traitées dans les examens par pays. Il n'est pas surprenant que les différents instruments politiques visant à tarifier la pollution et promouvoir l'utilisation efficace des ressources naturelles soient prédominants dans les conseils dispensés par l'OCDE. Les questions les plus couramment abordées sont les réformes fiscales liées à l'environnement (72 examens), les mécanismes visant à attribuer un prix au carbone (60 examens), les subventions pour promouvoir les technologies vertes (53 examens) et la réglementation qui prévoit des subventions en faveur de la croissance verte (51 examens). La réforme des subventions aux combustibles fossiles est figure parmi les thèmes les moins abordés (41 examens). Cela peut paraître surprenant, tant du point de vue de la ténacité des aides financières dans les pays membres de l'OCDE et dans les pays partenaires que du fait que la question la plus fréquemment abordée – les réformes fiscales liées à l'environnement – ont pour objectif leur suppression.

S'agissant des politiques sectorielles et thématiques, l'énergie (abordée dans 73 des 115 rapports analysés) est largement en tête, suivie par les transports, l'innovation et les changements climatiques (chacun des domaines étant abordé dans environ 50 examens). La perte de biodiversité et des écosystèmes, bien qu'elle représente un risque systémique pour la croissance, est relativement peu traitée (28 examens). L'investissement et le financement (43 examens) pourraient également occuper une place relativement plus importante, étant donné qu'une transition de l'ensemble de l'économie nécessitera un investissement non négligeable dans les secteurs des infrastructures vertes comme les énergies renouvelables et autres sources de production d'électricité à faibles émissions de carbone, l'efficacité énergétique, les transports durables, la distribution de l'eau et l'assainissement, et les bâtiments (Kaminker et al., 2013). L'agriculture (32 examens) et le secteur des déchets (23 examens) sont également relativement peu abordés.

Les incidences sociales de la croissance verte sont l'un des aspects les moins traités dans le suivi des politiques nationales.

L'une des questions les moins traitées est l'action publique axée sur les incidences sociales de la croissance verte ; seuls 19 examens abordent les répercussions potentielles sur le marché du travail et 12 les répercussions sur les ménages. Étant donné que l'action des pouvoirs publics devrait de plus en plus se pencher sur les répercussions en amont des réformes sur l'équité et que les publications sur l'inégalité des revenus dans de nombreux pays de l'OCDE ont nettement augmenté dans les trois dernières décennies (OCDE, 2011; Cingano, 2014), les effets redistributifs de la croissance verte devraient prendre une place plus importante dans les conseils émis par l'OCDE. Par ailleurs, le traitement des effets redistributifs de la croissance verte sur les populations défavorisées est également essentiel à la réforme.

L'utilisation des indicateurs de croissance verte varie également considérablement, certains étant employés plus fréquemment que d'autres. Le graphique 4.4 met en évidence l'utilisation des indicateurs de la Stratégie pour une croissance verte de 2011 dans le suivi des politiques nationales. Ces indicateurs sont mentionnés plus de 415 fois dans les 115 rapports analysés, principalement dans les *Examens environnementaux* (237 références) et les *Études économiques* (154). La part des énergies renouvelables dans la production d'énergie (qui fait partie intégrante de l'indicateur de la productivité énergétique) est le paramètre le plus fréquemment utilisé, puisqu'il apparaît dans 48 des 115 examens.

Nombre total de rapports 115
Rapports contenant des recommandations visant la croissance verte 80

Examens environnementaux 14
Rapports contenant des recommandations visant la croissance verte 14

Études économiques 76
Rapports contenant des recommandations visant la croissance verte 62

Examens des politiques de l'investissement 13
Rapports contenant des recommandations visant la croissance verte 4

Examens de la politique d'innovation 12
Rapports contenant des recommandations visant la croissance verte 0

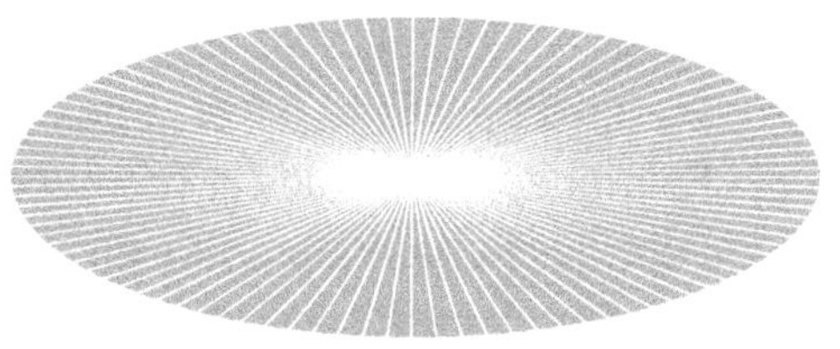

GRAPHIQUE 4.3 – RÉFÉRENCES AUX THÉMATIQUES DE CROISSANCE VERTE DANS LES SUIVIS DE PAYS

- Mesures pour faire payer la pollution et encourager l'utilisation efficiente des ressources
- Politiques sectorielles et thématiques
- Politiques visant à prendre en charge les conséquences sociales de la croissance verte
- ○ Nombre de références dans le suivi des politiques nationales

La fiscalité environnementale (35 références) et la productivité carbone[4] (25 références) sont également des indicateurs que l'on retrouve fréquemment. Parmi les autres thèmes fréquemment abordés, on retrouve les problèmes de santé induits par la dégradation de l'environnement et les coûts afférents (31 examens), les dépenses de R-D intéressant la croissance verte (22 examens) et l'accès au traitement des eaux usées et à l'eau potable (22 examens). Ceci reflète les travaux en cours menés à l'OCDE pour améliorer la quantification des effets de la pollution sur la santé, en s'attachant aux domaines dans lesquels les données sont aisément accessibles.

Près de 80 % des indicateurs de croissance verte apparaissent dans moins de 17 % des rapports de suivi des politiques nationales.

Globalement, près de 80 % des indicateurs (23 sur 29) et de leurs composantes sont mentionnés dans moins de 20 examens par pays – moins de 17 % des documents passés en revue. Comme on peut s'y attendre, la fréquence d'utilisation des indicateurs de la croissance verte dépend largement de leur disponibilité, de leur comparabilité, de leur intelligibilité et de leur usage pratique. Plusieurs indicateurs de croissance verte ne sont pas mesurables à ce jour, malgré les progrès notables de leur développement (chapitre 3). Il n'est donc pas étonnant que ces indicateurs soient relativement peu traités dans les documents de suivi des politiques nationales. À titre d'exemple, parmi les indicateurs les moins cités figurent la production de biens et de services environnementaux ; la productivité hydrique ; la productivité (multifactorielle) corrigée des incidences environnementales (pour un exemple d'un rapport qui étudie la question, voir OCDE, 2014a) ; l'indice des ressources naturelles ; et les innovations liées à l'environnement. Chacun de ces indicateurs est abordé dans moins de 5 des 115 rapports analysés.

TIRER LES ENSEIGNEMENTS DES PROGRÈS RÉALISÉS À CE JOUR : LA CROISSANCE VERTE DANS LES *ÉTUDES ÉCONOMIQUES*

L'intégration relativement rapide de la croissance verte dans les *Études économiques* s'explique par le rôle d'un certain nombre de mécanismes. Les enseignements qui en sont ressortis, intéressant les gouvernements et l'OCDE, sont traités ci-dessous. La façon dont les enseignements pourraient faire avancer l'intégration transversale de la croissance verte au sein de l'OCDE, et servir d'exemples possibles pour les pays, sera également abordée. Depuis 2011, la totalité des *Examens environnementaux* comprend des recommandations concernant la croissance verte. Toutefois, les autres études présentent un plus grand intérêt du point de vue de l'intégration transversale, car elles ne font pas partie du corps central des axes de travail de l'OCDE liés à l'environnement.

Enseignement n° 1 : Les orientations stratégiques de haut niveau ont leur importance

Le Chef économiste de l'OCDE est formellement impliqué dans l'intégration transversale de la croissance verte et, conjointement au Directeur de l'environnement, supervise le processus. Les orientations relatives à l'intégration transversale des objectifs de croissance verte aux activités du Département des affaires économiques proviennent donc de la direction générale. L'enseignement qui en ressort est que les orientations stratégiques provenant du plus haut niveau ont leur importance.

Appliquer cet enseignement à l'OCDE : il est possible de renforcer la supervision de la croissance verte dans l'ensemble des directions. Alors que le processus d'intégration transversale de la croissance verte est supervisé par les plus hauts responsables de l'Organisation, les chefs de directions ne sont pas à l'heure actuelle directement impliqués dans la gouvernance de la croissance verte, à l'exception du Chef économiste et du Directeur de l'environnement. Les orientations stratégiques du Secrétaire général adjoint, du Chef économiste et du Directeur de l'environnement ont joué un rôle décisif dans l'intégration transversale de la croissance verte dans l'ensemble de l'Organisation. Une plus grande implication des chefs d'autres directions centrales, comme la Direction de la science, de la technologie et de l'innovation et la Direction des statistiques, pourrait contribuer à diffuser plus largement la croissance verte au sein de l'Organisation.

GRAPHIQUE 4.4 – TRAITEMENT DES INDICATEURS DE CROISSANCE VERTE DANS LE SUIVI DES POLITIQUES NATIONALES

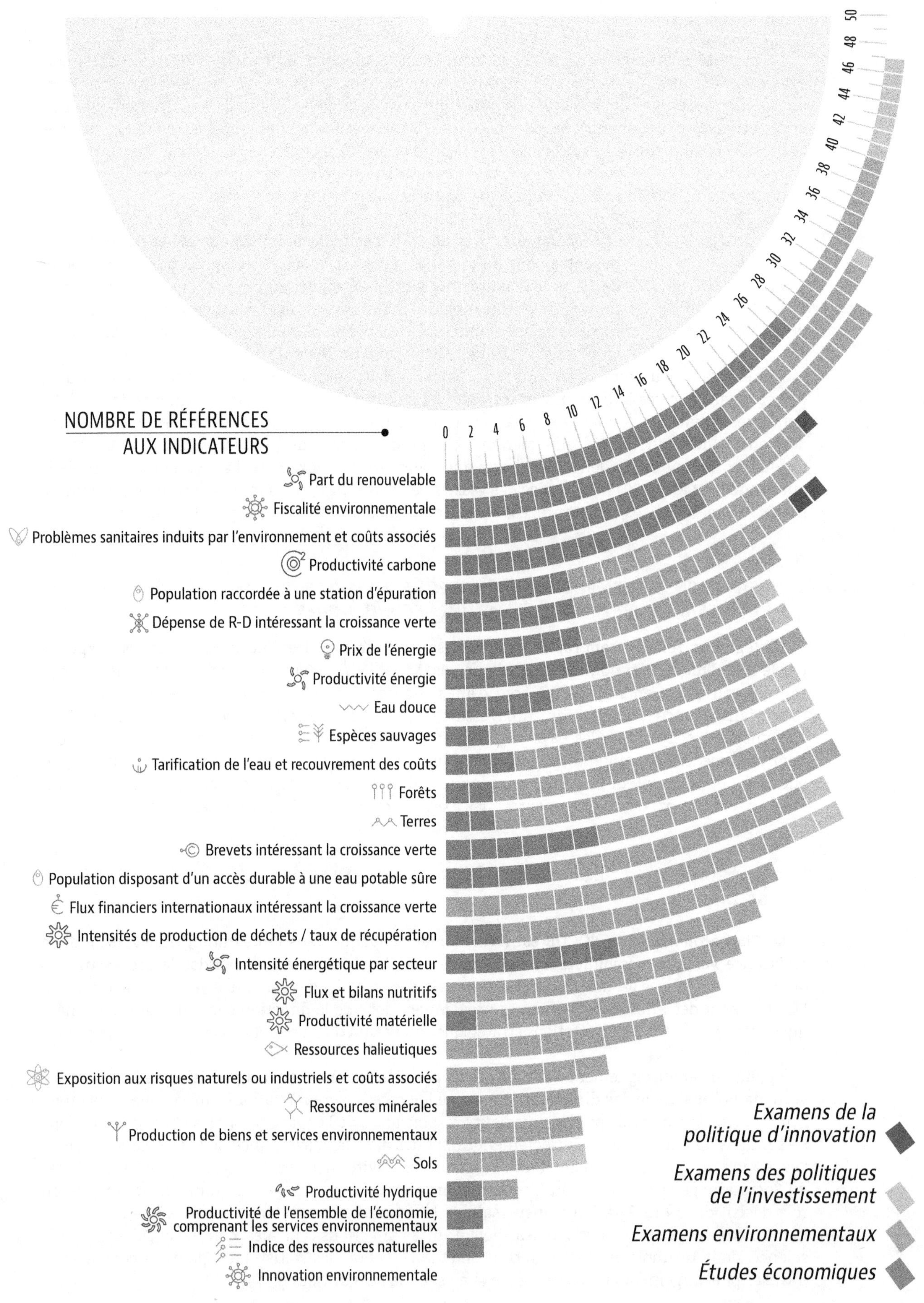

Enseignement n° 2 : Formaliser les structures institutionnelles pour intégrer la croissance verte aux programmes de travail et au budget et en assurer la responsabilité

L'intégration peut être stimulée par des programmes de travail plus formels dans les directions concernées et des ressources réservées à cet usage.

Au-delà de la Direction de l'environnement, le Département des affaires économiques est l'unique direction de l'OCDE à s'être dotée de structures formelles pour intégrer la croissance verte. L'analyse de la croissance verte est formellement intégrée dans les deux principaux domaines de travail du Département des affaires économiques, l'analyse de l'action publique et les études nationales. Au sein de la Branche des études de politique économique, un axe de travail dédié s'intéresse à la croissance verte dans le cadre de l'analyse de la politique structurelle ; un analyste principal est spécialement chargé de superviser l'intégration transversale dans le suivi des politiques nationales depuis le bureau du Chef de la Branche des études nationales. Les travaux menés au sein de la Branche des études de politique économique sont présentés au Comité de politique économique et au Comité des politiques d'environnement, qui les supervisent conjointement et les intègrent à leurs programmes de travail. L'économiste principal chargé des travaux fait le lien entre les analyses menées par le Département des affaires économiques et la Direction de l'environnement, et partage son activité entre ces deux organes. En ce qui concerne les travaux en matière d'investissement et d'innovation de l'Organisation, il n'existe aucun mécanisme formel pour l'intégration transversale ni aucune activité conjointe. L'enseignement que l'on peut tirer de cette expérience est que les structures formelles de coordination et de collaboration – y compris le partage de personnel – et des mécanismes de contrôle clairs favorisent l'intégration transversale. La Direction de l'environnement et l'Agence internationale de l'énergie (AIE) ont également un modélisateur en commun, des avantages en découlant pour les deux équipes.

Appliquer cet enseignement à l'OCDE : la croissance verte étant une priorité de l'Organisation, elle doit être reflétée dans les structures institutionnelles de l'ensemble des directions. Parmi les directions responsables des séries principales de suivi des politiques nationales en rapport avec la croissance verte, le Département des affaires économiques est la seule à avoir mis en œuvre des dispositifs institutionnels formels pour l'intégration transversale. Il est donc possible de les mettre en œuvre à plus grande échelle, dans l'ensemble de l'Organisation, moyennant des axes de travail plus formels centrés sur la croissance verte ou un personnel dédié au processus d'intégration transversale.

Lorsque les priorités transversales ne sont pas reflétées dans les programmes de travail des comités, les directions et leur personnel ne sont guère incités à les mobiliser, étant donné la faible quantité de ressources disponibles. La croissance verte étant une priorité de l'Organisation, elle doit être reflétée dans les programmes de travail des comités concernés. La grande majorité des comités de l'OCDE fait progresser les travaux sur la croissance verte et compte un certain nombre de projets pertinents dans leurs programmes de travail et leur budgets, comme le reflète l'ampleur des travaux de l'OCDE sur la croissance verte abordés dans le chapitre 4. Comme le montre le chapitre, la vaste majorité des comités de l'OCDE progresse sur le plan de leurs travaux sur la croissance verte et ont entrepris un certain nombre de projets pertinents. Il faudrait peut-être obliger l'ensemble des comités à tenir compte de façon plus formelle des priorités transversales dans leurs programmes de travail pour parer à leur inertie résiduelle.

Une plus grande collaboration entre les comités pourrait être envisagée. A l'heure actuelle, les travaux sur la croissance verte du Département des affaires économiques sont supervisés efficacement par le Comité de politique économique et le Comité des politiques d'environnement. Dans d'autres secteurs, des structures plus formelles constituées de comités mixtes supervisent les axes de travail regroupant plusieurs comités – par exemple, la Session conjointe des experts sur la fiscalité et l'environnement fait le lien entre le Comité des affaires fiscales et le Comité des politiques d'environnement. Pour animer les travaux traités par plusieurs comités, il faudrait envisager un recours à de nouvelles réunions conjointes.

Des modifications du processus de suivi des politiques nationales pourraient être envisagées pour promouvoir l'intégration transversale. Le cycle des *Études économiques* est nettement plus rapide que celui des autres séries sur le suivi des politiques nationales ; ces séries sont menées pour l'ensemble de l'OCDE et pour les pays partenaires clés par cycle de 18 à 24 mois. En revanche, les *Examens environnementaux* sont réalisés tous les dix ans environ. Il est donc nécessaire de continuer à se pencher sur la meilleure façon d'établir des liens entre ces deux principaux examens de suivi, malgré leurs cycles différents. La formalisation de l'évaluation de l'action publique en matière d'atténuation du changement climatique dans les *Études économiques* dans le cadre de la préparation de COP21 est l'occasion d'expérimenter cette proposition[5]. L'élaboration de rapports thématiques courts réunissant les enseignements généraux sur la croissance verte pour tous les pays dans les *Études économiques*, *Examens environnementaux*, *Examens des politiques de l'investissement* et également, le cas échéant, *In-Depth Energy Policy Reviews* de l'AIE, contribueraient à souligner les grands enjeux auxquels sont confrontés les pays dans le but d'orienter la poursuite des travaux. Ils pourraient également être un moyen de répercuter les enseignements tirés des expériences nationales dans les analyses menées dans les directions concernées.

Enseignement n° 3 : Proposer un cadre d'analyse clair pour la croissance verte

Un cadre d'analyse de la croissance verte à l'échelle de l'Organisation pourrait contribuer à susciter des évolutions.

Le Département des affaires économiques et ses comités se sont dotés d'un cadre d'analyse clair pour l'intégration transversale. La croissance verte est incluse dans la publication de l'OCDE *Objectif croissance*, qui dispense des conseils aux pays de l'OCDE et aux économies émergentes sur les réformes structurelles prioritaires, fondés sur des analyses comparatives internationales. Cette série examine les conséquences des politiques visant à stimuler la croissance sur l'environnement et, depuis 2015, les effets potentiels de la dégradation de l'environnement sur l'économie, affirmant ainsi l'importance cruciale de la croissance verte pour la croissance. Au moment de la rédaction de ce rapport, les cadres d'action en matière d'investissement et d'innovation – le Cadre d'action pour l'investissement et la Stratégie pour l'innovation – sont en cours de révision pour dispenser des orientations sur la croissance verte. L'enseignement tiré est qu'un cadre d'analyse commun et clair sur l'intégration transversale peut être important pour établir les orientations à suivre. L'intégration de la croissance verte dans les documents stratégiques phares de l'Organisation sur l'investissement et l'innovation pourrait contribuer à améliorer la réflexion sur les questions de croissance verte dans les séries d'ouvrages pertinents dédiés au suivi des pays.

Appliquer cet enseignement à l'OCDE : élaborer un fil conducteur unique et définir un cadre d'analyse clair pour la croissance verte au niveau de l'Organisation. À ce jour, aucun cadre d'analyse n'articule encore le rôle de la croissance verte dans le contexte du programme de travail de l'Organisation. Dans un même temps, le nombre d'initiatives transversales s'accroît. Outre le programme de travail transversal sur la croissance verte, l'Initiative sur la croissance inclusive, les Nouvelles approches face aux défis économiques et le cadre conceptuel sur le bien-être développé dans le contexte de l'Initiative du vivre mieux de l'OCDE sont pertinentes. Ces initiatives visent à donner un nouvel éclairage aux modèles économiques traditionnels en intégrant les dimensions non-monétaires du bien-être – notamment les conditions environnementales – à la conception des politiques et en tenant compte de leurs effets redistributifs.

La multiplication de cadres d'analyse transversaux accentue la nécessité de définir clairement la façon dont les travaux de l'Organisation sur la croissance verte et d'autres initiatives s'articulent au sein du programme de travail plus large de l'OCDE. Le projet « OCDE@100 », qui s'accompagne d'une combinaison d'outils de modélisation proposant un cadre multidimensionnel pour faire des projections de façon structurée, est l'un des mécanismes qui pourrait être pris en compte pour articuler les relations existantes entre les différentes priorités de travail de l'OCDE, notamment la croissance verte. Le rapport du projet *Policy Challenges for the Next 50 Years* fournit des indications sur les tendances futures et les tensions susceptibles de faire partie du contexte de l'action des pouvoirs publics dans les 50 prochaines années. Parmi les mégatendances déjà identifiées figurent les pressions qui pèsent sur l'environnement, comme le changement climatique et l'épuisement des ressources naturelles, les progrès techniques, les transformations démographiques à long terme, l'urbanisation croissante et le creusement des inégalités. L'OCDE n'a pas encore élaboré de scénario pour la croissance verte dans son travail de modélisation, c'est-à-dire un scénario faisant apparaître une série plus complète de mesures requises pour mener la transition, au-delà de la transition vers les énergies renouvelables, ainsi que des mesures pour lutter contre le changement climatique et aborder les répercussions plus larges de la transition sur l'économie. Il serait peut-être nécessaire de mener des travaux de modélisation pour soutenir l'intégration complète de la croissance verte dans ces initiatives.

Enseignement n° 4 : Accroître les ressources allouées à l'intégration transversale

Le Département des affaires économiques est la seule direction de l'OCDE à avoir dédié du personnel d'encadrement à temps plein au processus d'intégration transversale et à disposer de personnel de liaison avec la Direction de l'environnement. L'intégration d'initiatives horizontales prend du temps et requiert du personnel dédié à la coordination et à la supervision de l'intégration des principes de la croissance verte dans les programmes de travail. Des ressources sont également nécessaires pour sensibiliser aux travaux pertinents et établir des rapports avec d'autres directions afin de clairement communiquer aux analystes les travaux menés dans l'Organisation.

Appliquer cet enseignement à l'OCDE : un effort concerté pour formaliser les structures institutionnelles dans le but d'intégrer la croissance verte au sein des directions (conformément à l'enseignement n° 2) pourrait assurer des ressources suffisantes à cette intégration. Le nombre de rapports par pays (115) publiés depuis 2011 montre la nécessité de consacrer des ressources aux principales directions pour que l'intégration transversale porte ses fruits. La somme des ressources consacrées n'est pas la question centrale, étant donné que dans la plupart des cas elle sera faible. C'est plutôt l'allocation explicite de ressources qui assurera la réalisation du suivi.

FACILITER LE TRAITEMENT D'UN LARGE ÉVENTAIL DE QUESTIONS LIÉES À LA CROISSANCE VERTE

Garantir une approche globale de la croissance verte. Les différences de traitement des questions liées à la croissance verte dans les analyses nationales suggèrent qu'il est nécessaire de s'appuyer sur des mécanismes pratiques pour optimiser les liens concrets et favoriser le partage des informations pertinentes dans les différents domaines de l'action publique.

Enseignement n° 5 : Garantir les mécanismes pour favoriser le partage des informations et optimiser les liens concrets afin de faciliter le traitement d'un large éventail de questions liées à la croissance verte

Appliquer cet enseignement à l'OCDE : l'élaboration de modèles d'instructions, listes de contrôle ou tableaux des aspects de la croissance verte à prendre en compte systématiquement dans les documents de suivi des politiques nationales pourrait contribuer à ce que les recommandations principales formulées dans une direction soient reprises dans les analyses pertinentes d'autres directions. Celles-ci pourraient être approuvées et régulièrement mises à jour par les comités concernés. Autre possibilité, les directions compétentes pourraient contribuer directement aux questionnaires envoyés aux pays dans le cadre de la préparation des rapports de suivi des politiques nationales.

Des mécanismes pratiques sont nécessaires pour optimiser les liens concrets et favoriser le partage des informations.

Une collaboration accrue entre directions aux fins de rédaction et de finalisation des documents serait aussi de mise. Lorsque les *Examens environnementaux* abordent des questions liées à l'innovation par exemple, il est logique que l'équipe qui mène des travaux pertinents au sein de la Direction de la science, de la technologie et de l'innovation contribue à l'analyse. Il en résulterait probablement une couverture plus large des informations sur la croissance verte dans l'Organisation et dans les thématiques abordées. Un recours accru an personnel dédié à l'intégration transversale, ou qui fait le lien entre les directions, contribuerait à créer un lien entre les travaux dans les comités et les directions.

La clarification des questions de terminologie est un mécanisme élémentaire mais essentiel pour clarifier les liens et les synergies entre les différents programmes de travail. Par exemple, l'OCDE travaille actuellement sur l'infrastructure verte ; l'exploitation des énergies propres ; et les infrastructures bas-carbone et résilientes au changement climatique. Le partage des informations entre les axes de travail, les directions et les comités serait facilité si l'on comprenait comment les domaines de travail liés se recoupent et si l'on résolvait les questions de terminologie élémentaires.

Une base de données sur la croissance verte favoriserait le partage des informations. Pour ce faire, on pourrait s'inspirer des bases de données de l'Agence internationale de l'énergie sur les politiques et les mesures, qui regroupent les politiques nationales sur la croissance verte, les énergies renouvelables et l'efficacité énergétique[6]. La Plateforme de connaissances sur la croissance verte pourrait être un partenaire international bien placé pour participer à l'élaboration d'une telle base de données aux côtés de l'OCDE.

AMÉLIORER L'UTILISATION DES INDICATEURS DE CROISSANCE VERTE

Il est important de se pencher sur l'utilisation relativement limitée des indicateurs de croissance verte de l'OCDE dans les études par pays (en termes du nombre d'indicateurs habituellement utilisés) et sur la contribution de ces indicateurs à l'intégration transversale pour améliorer leur utilisation. Il est difficile d'intégrer les indicateurs de la croissance verte à plusieurs égards. La principale difficulté est que la méthodologie du cadre de ces indicateurs évolue constamment – y compris le titre des six indicateurs phares proposés dans *Green Growth Indicators 2014* (OCDE, 2014b). Malgré les progrès notables depuis 2011 en ce qui concerne leur cadre de mesure, 4 des indicateurs phares et environ 20 % de l'ensemble plus complet des 26 indicateurs ne sont pas encore suffisamment aboutis d'un point de vue méthodologique pour être utilisés. Ainsi, dans de nombreux cas, les indicateurs proposés ne sont pas prêts à être utilisés dans les analyses par pays et les analyses de l'action publique. La deuxième difficulté réside dans le fait que même si l'indicateur est complet d'un point de vue méthodologique, , l'insuffisance de données peut faire qu'il ne sera pas disponible pour tous les pays, limitant par là son utilisation dans une analyse. Les pays s'efforcent d'adapter continuellement le cadre des indicateurs de la croissance verte de l'OCDE pour suivre les progrès des objectifs de croissance verte. La collecte de données fait également l'objet de travaux permanents ; environ 50 % des 26 indicateurs ne peuvent pas être produits pour la plupart des pays membres de l'OCDE en raison des insuffisances de données. Cela signifie que les pays sont susceptibles d'être confrontés aux mêmes difficultés que l'OCDE pour intégrer les indicateurs de la croissance verte à l'analyse des politiques publiques.

Enseignement n° 6 : Promouvoir un sous-ensemble d'indicateurs de la croissance verte mesurables pour accroître l'utilisation des indicateurs

La principale difficulté consiste à savoir comment inciter à utiliser les indicateurs pertinents pour la croissance verte dans les analyses, alors que le cadre de mesure et les efforts de collecte de données sont en cours. Lorsque des données de qualité ne sont pas encore disponibles, les premières estimations peuvent éventuellement être utilisées pour certains pays, avec les mises en garde de rigueur, mais cela suppose que le développement conceptuel des indicateurs soit achevé. Il est nécessaire d'encourager l'utilisation d'un sous-ensemble d'indicateurs de croissance verte déjà mesurables pour maintenir l'élan des pays relatif à la mise en œuvre de la croissance verte.

Appliquer cet enseignement à l'OCDE : le sous-ensemble d'indicateurs de la croissance verte établis et mesurables pourrait faire partie de modèles d'instructions donnés aux directions concernées et faire l'objet d'une évaluation par le Comité des politiques d'environnement et d'autres comités concernés. Les indicateurs pourraient inclure des indicateurs intéressant la croissance verte élaborés dans d'autres secteurs de l'Organisation, comme l'indicateur de sévérité des politiques environnementales et l'indicateur de la charge imposée à l'économie par les politiques environnementales développés par l'équipe sur la croissance verte du Département des affaires économiques et la Direction de l'environnement (chapitre 3). En outre, une fois vérifié, le sous-ensemble d'indicateurs mesurables de la croissance verte pourrait être diffusé et utilisé dans les analyses par pays et les analyses de l'action publique afin d'améliorer encore l'utilisation des indicateurs de croissance verte dans l'ensemble de l'Organisation.

MAXIMISER L'IMPACT : LES PROCHAINES ÉTAPES DE L'INTÉGRATION TRANSVERSALE

Les mesures d'intégration transversale qui se sont avérées efficaces dans le Département des affaires économiques et ses comités offrent une bonne plateforme pour évaluer et affiner les efforts d'intégration dans d'autres secteurs de l'OCDE. La première étape consisterait à passer en revue le cadre institutionnel dans les principales directions et à le comparer aux mécanismes employés par le Département des affaires économiques et ses comités pour intégrer la croissance verte. Faire le bilan des éléments de la croissance verte dans les travaux des comités et les travaux pouvant être « exportés » vers d'autres comités pourrait être un mécanisme pour entamer le processus de renforcement des liens concrets et du partage des informations dans l'Organisation. L'Unité Croissance verte peut contribuer à ce processus.

Les mesures d'intégration transversale mises en œuvre avec succès par le Département des affaires économiques offrent également des repères utiles aux pouvoirs publics qui cherchent à mettre en œuvre des structures institutionnelles pour faire progresser la croissance verte. Les principaux éléments sont : une impulsion politique au plus haut niveau et des responsabilités clairement définies ; des structures formalisées pour assurer la coordination et la collaboration ; une représentation claire de la façon d'articuler la croissance verte aux autres priorités de l'action publique ; et l'affectation de ressources humaines au processus d'intégration transversale dans les organisations impliquées dans le projet de croissance verte. Les gouvernements doivent veiller à la diffusion des informations dans les différents domaines de l'action publique et les ministères, et à l'utilisation d'indicateurs robustes pour mesurer les progrès.

REFERENCES BIBLIOGRAPHIQUES

Cingano, F. (2014), « Trends in Income Inequality and its Impact on Economic Growth », *Documents de travail de l'OCDE : questions sociales, emploi et migrations*, n° 163, Éditions OCDE, http://dx.doi.org/10.1787/5jxrjncwxv6j-en.

Kaminker, C. et al., (2013), « Institutional Investors and Green Infrastructure Investments: Selected Case Studies », *Documents de travail de l'OCDE sur la finance, l'assurance et les pensions privées*, n° 35, Éditions OCDE, Paris, http://dx.doi.org/10.1787/5k3xr8k6jb0n-en.

OCDE (2014a), OECD *Economic Surveys: Norway 2014*, Éditions OCDE, Paris, http://dx.doi.org/10.1787/eco_surveys-nor-2014-en.

OECD (2014b), *Green Growth Indicators 2014*, OECD Green Growth Studies, OECD Publishing, Paris, http://dx.doi.org/10.1787/9789264202030-en.

OCDE (2012), *Toujours plus d'inégalité : Pourquoi les écarts de revenus se creusent*, Éditions OCDE, Paris, http://dx.doi.org/10.1787/9789264119550-fr.

1 www.oecd.org/greengrowth/ggsd-forum.htm.

2 Des détails sur les évènements passés sont disponibles sur www.oecd.org/greengrowth/ggsd-forum.htm. Le Forum de 2016 portera sur le thème « Planification spatiale, exploitation des terres et croissance urbaine verte ».

3 *Les Études économiques* et les *Examens environnementaux* sont conduits régulièrement pour les pays de l'OCDE et certaines économies partenaires ; les *Examens des politiques d'innovation* et les *Examens des politiques de l'investissement* sont effectués de manière ponctuelle. Examens publiés entre le lancement de la Stratégie pour une croissance verte et le 4 février 2015.

4 Produit intérieur brut généré par unité d'émission de CO_2 induite par la production et revenu réel par unité d'émission de CO_2.

5 Dans les *Études économiques*, le traitement des mesures d'atténuation du changement climatique a été formalisé depuis mars 2014 dans le cadre des préparatifs de l'OCDE en vue des négociations internationales pour le changement climatique de 2015 (COP21, prévue en novembre 2015 à Paris). Un « document technique de référence » sur l'atténuation du changement climatique accompagne maintenant les *Études économiques* ; il sera par la suite intégré dans un outil en ligne dans le cadre de COP21.

6 www.iea.org/policiesandmeasures/.

BIBLIOGRAPHIE

PAYS EXAMINÉS	ÉTUDES ÉCONOMIQUES DE L'OCDE	EXAMENS ENVIRONNEMENTAUX DE L'OCDE	EXAMENS DE L'OCDE DES POLITIQUES DE L'INVESTISSEMENT	EXAMENS DE L'OCDE DES POLITIQUES D'INNOVATION	IN-DEPTH ENERGY POLICY REVIEWS DE L'AIE*
Afrique du Sud	2013	2013			
Allemagne	2012, '14	2012			2013
Asie du Sud-Est				2013	
Australie	2012, '14				2012
Autriche	2011, '13	2013			2014
Belgique	2011, '13,'15				
Botswana			2014		
Brésil	2011, '13				
Canada	2012, '14				
Chili	2012, '13				2009
Colombie	2013, '15	2014	2012	2014	
Costa Rica			2013		
Croatie				2013	
Danemark	2012, '13				2011
Espagne	2012, '14				
Estonie	2012, '15				2013
États-Unis	2012, '14				2014
Fédération de Russie	2011, '14			2011	2014
Finlande	2012, '14				2013
France	2013			2014	
Grèce	2011, '13				2011
Hongrie	2012, '14				2011
Inde	2011, '14				
Indonésie	2012				
Irlande	2011, '13				2012
Islande	2011, '13	2014			
Israël	2011, '13	2011			
Italie	2013	2013			
Japon	2013				
Jordanie			2013		
Kazakhstan			2012		
Luxembourg	2012				2014
Malaisie			2013		
Maroc					2014
Maurice			2014		
Mexique	2013, '15	2013		2013	
Mozambique			2013		
Myanmar			2014		
Norvège	2012, '14	2011			2011
Nouvelle-Zélande	2013				
Pays-Bas	2012, '14			2014	2014
Pérou				2011	
Pologne	2012, '14	2015			2011
Portugal	2012, '14	2011			
République de Corée	2012, '14			2014	2012
République populaire de Chine	2013				
République slovaque	2012, '14	2011			2012
République tchèque	2011, '14				2010
République-Unie de Tanzanie			2013		
Royaume-Uni	2013				2012
Slovénie	2013	2012		2012	
Suède	2012	2014		2012	2013
Suisse	2012, '13				2012
Tunisie			2012		
Turquie	2012, '14				
Ukraine			2011		2012
Union européenne	2012, '14				2014
Viet Nam				2014	
Zambie			2012		
Zone euro	2012, '14				

* Bien qu'elle n'ait pas été incluse dans le présent rapport, la série de l'AIE In-Depth Energy Policy Reviews trouve sa place ici, en tant qu'analyse par pays plus générale au sein de la structure organisationnelle de l'OCDE intéressant la croissance verte. La série In-Depth Energy Policy Reviews comprend habituellement des recommandations d'action sur l'efficacité énergétique, les énergies renouvelables et la R-D énergétique en matière de croissance verte. Consulter www.iea.org/countries/membercountries/. Le rapport se concentre plus particulièrement sur les documents de suivi consacrés par l'OCDE aux différents pays. L'intégration de la croissance verte dans les Études économiques, les Examens des politiques d'innovation, les Examens des politiques de l'investissement et les Examens environnementaux de l'OCDE fait partie des priorités pour les travaux à venir énoncées dans la Stratégie pour une croissance verte de 2011.

Dispositif de la Stratégie pour une croissance verte de 2011

- OCDE (2011a), *Tools for Delivering on Green Growth*, préparé pour la réunion du Conseil de l'OCDE au niveau des Ministres, 25-26 mai, 2011, http://www.oecd.org/greengrowth/48012326.pdf.
- OCDE (2011b), « Vers une croissance verte », Études de l'OCDE sur la croissance verte, Éditions OCDE, Paris, http://dx.doi.org/10.1787/9789264111332-fr.
- OCDE (2011c), *Vers une croissance verte : Résumé à l'intention des décideurs*, Éditions OCDE, Paris, http://www.oecd.org/fr/croissanceverte/48537006.pdf.
- OCDE (2011d), « Vers une croissance verte - Suivre les progrès : Les indicateurs de l'OCDE », Études de l'OCDE sur la croissance verte, Éditions OCDE, Paris, http://dx.doi.org/10.1787/9789264111370-fr.

Études de l'OCDE sur la croissance verte

- OCDE (2015a), *Green Growth in Fisheries and Aquaculture*, Études de l'OCDE sur la croissance verte, Éditions OCDE, Paris, http://dx.doi.org/10.1787/9789264232143-en.
- OCDE /Cedefop (2014), *Greener Skills and Jobs*, Études de l'OCDE sur la croissance verte, Éditions OCDE, Paris, http://dx.doi.org/10.1787/9789264208704-en.
- OCDE (2014a), *Green Growth Indicators for Agriculture: A Preliminary Assessment*, Études de l'OCDE sur la croissance verte, Éditions OCDE, Paris, http://dx.doi.org/10.1787/9789264223202-en.
- OCDE (2014b), *Green Growth Indicators 2014*, Études de l'OCDE sur la croissance verte, Éditions OCDE, Paris, http://dx.doi.org/10.1787/9789264202030-en.
- OCDE (2014c), *Towards Green Growth in Southeast Asia*, Études de l'OCDE sur la croissance verte, Éditions OCDE, Paris, http://dx.doi.org/10.1787/9789264224100-en.
- OCDE (2013a), *Green Growth in Cities*, Études de l'OCDE sur la croissance verte, Éditions OCDE, Paris, http://dx.doi.org/10.1787/9789264195325-en.
- OCDE (2013b), *Green Growth in Kitakyushu, Japan*, Études de l'OCDE sur la croissance verte, Éditions OCDE, Paris, http://dx.doi.org/10.1787/9789264195134-en.
- OCDE (2013c), *Green Growth in Stockholm, Sweden*, Études de l'OCDE sur la croissance verte, Éditions OCDE, Paris, http://dx.doi.org/10.1787/9789264195158-en.
- OCDE (2013d), *Moyens d'action au service de la croissance verte en agriculture*, Études de l'OCDE sur la croissance verte, Éditions OCDE, Paris, http://dx.doi.org/10.1787/9789264204140-fr.
- OCDE (2013e), *Placer la croissance verte au cœur du développement*, Études de l'OCDE sur la croissance verte, Éditions OCDE, Paris, http://dx.doi.org/10.1787/9789264206281-fr.
- OCDE (2012a), *Compact City Policies: A Comparative Assessment*, OECD Green Growth Studies, Éditions OCDE, Paris, http://dx.doi.org/10.1787/9789264167865-en.
- OCDE (2012b), *Énergie*, Études de l'OCDE sur la croissance verte, Éditions OCDE, Paris, http://dx.doi.org/10.1787/9789264168480-fr.
- OCDE (2012c), *Linking Renewable Energy to Rural Development*, Études de l'OCDE sur la croissance verte, Éditions OCDE, Paris, http://dx.doi.org/10.1787/9789264180444-en.

- OCDE (2011a), *Alimentation et agriculture*, Études de l'OCDE sur la croissance verte, Éditions OCDE, Paris, http://dx.doi.org/10.1787/9789264107892-fr.
- OCDE (2011b), *Fostering Innovation for Green Growth*, Études de l'OCDE sur la croissance verte, Éditions de l'OCDE, Paris, http://dx.doi.org/10.1787/9789264119925-en.

Rapports sur la croissance verte

- Banister, D., P. Crist et S. Perkins (2015), « Land Transport and How to Unlock Investment in Support of 'Green Growth' », *Documents de l'OCDE sur la croissance verte*, n° 2015/01, Éditions OCDE, Paris, http://dx.doi.org/10.1787/5js65xnk52kc-en.
- Bass, S. et al., (2013), « Making Growth Green and Inclusive: The Case of Ethiopia », *Documents de l'OCDE sur la croissance verte*, n° 2013/07, Éditions OCDE, Paris, http://dx.doi.org/10.1787/5k46dbzhrkhl-en.
- Beltramello, A. (2012), « Market Development for Green Cars », *Documents de l'OCDE sur la croissance verte*, n° 2012/03, Éditions OCDE, Paris, http://dx.doi.org/10.1787/5k95xtcmxltc-en.
- Beltramello, A., L. Haie-Fayle et D. Pilat (2013), « Why New Business Models Matter for Green Growth », *Documents de l'OCDE sur la croissance verte*, n° 2013/01, Éditions OCDE, Paris, http://dx.doi.org/10.1787/5k97gk40v3ln-en.
- Braathen, N. A. (2011), « Interactions Between Emission Trading Systems and Other Overlapping Policy Instruments », Documents de l'OCDE sur la croissance verte, n° 2011/02, Éditions OCDE, Paris, http://dx.doi.org/10.1787/5k97gk44c6vf-en.
- Casado-Asensio, J. et al., (2014), « Green Development Co-operation in Zambia: An Overview », *Documents de l'OCDE sur la croissance verte*, n° 2014/03, Éditions OCDE, Paris, http://dx.doi.org/10.1787/5js6b25c2r5g-en.
- Glachant, M. (2013), « Greening Global Value Chains: Innovation and the International Diffusion of Technologies and Knowledge », *Documents de l'OCDE sur la croissance verte*, n° 2013/05, Éditions OCDE, Paris, http://dx.doi.org/10.1787/5k483jn87hnv-en.
- Kamp-Roelands, N. (2013), « Private Sector Initiatives on Measuring and Reporting on Green Growth », *Documents de l'OCDE sur la croissance verte*, n° 2013/06, Éditions OCDE, Paris, http://dx.doi.org/10.1787/5k483jn5j1lv-en.
- Martinez-Fernandez, C. et al., (2013), « Improving the Effectiveness of Green Local Development: The Role and Impact of Public Sector-Led Initiatives in Renewable Energy », *Documents de l'OCDE sur la croissance verte*, n° 2013/09, Éditions OCDE, Paris, http://dx.doi.org/10.1787/5k3w6ljtrj0q-en.
- Mohammed, E. Y., S. Wang et G. Kawaguchi (2013), « Making Growth Green and Inclusive: The Case of Cambodia », *Documents de l'OCDE sur la croissance verte*, n° 2013/08, Éditions OCDE, Paris, http://dx.doi.org/10.1787/5k420651szzr-en.
- OCDE (2013a), « Building Green Global Value Chains: Committed Public-Private Coalitions in Agro-Commodity Markets », *Documents de l'OCDE sur la croissance verte*, n° 2013/03, Éditions OCDE, Paris, http://dx.doi.org/10.1787/5k483jndzwtj-en.
- OCDE (2013b), « What Have We Learned from Attempts to Introduce Green-Growth Policies? », *Documents de l'OCDE sur la croissance verte*, n° 2013/02, Éditions OCDE, Paris, http://dx.doi.org/10.1787/5k486rchlnxx-en.
- OCDE (2012a), « Green Growth and Environmental Governance in Eastern Europe, Caucasus, and Central Asia », *Documents de l'OCDE sur la croissance verte*, n° 2012/02, Éditions OCDE, Paris, http://dx.doi.org/10.1787/5k97gk42q86g-en.
- OCDE (2012b), « The Jobs Potential of a Shift Towards a Low-Carbon Economy », *OECD Documents de l'OCDE sur la croissance verte*, n° 2012/01, Éditions OCDE, Paris, http://dx.doi.org/10.1787/5k9h3630320v-en.
- Sinclair-Desgagné, B. (2013), « Greening Global Value Chains: Implementation Challenges », *Documents de l'OCDE sur la croissance verte*, n° 2013/04, Éditions OCDE, Paris, http://dx.doi.org/10.1787/5k483jnbjbzn-en.

Documents de travail de l'OCDE en rapport avec la croissance verte

- Agrawala, S. et al., (2011), « Private Sector Engagement in Adaptation to Climate Change: Approaches to Managing Climate Risks », *Documents de travail de l'OCDE sur l'environnement*, n° 39, Éditions OCDE, Paris, http://dx.doi.org/10.1787/5kg221jkf1g7-en.

- Albrizio, S., T. Koźluk et V. Zipperer (2014), « Empirical Evidence on the Effects of Environmental Policy Stringency on Productivity Growth », *OECD Economics Department Working Papers*, n° 1179, Éditions OCDE, Paris, http://dx.doi.org/10.1787/5jxrjnb36b40-en.

- Arlinghaus, J. (2015), « Impacts of Carbon Pricing on Indicators of Competiveness : A Review of Empirical Findings », *Documents de travail de l'OCDE sur l'environnement*, Éditions OCDE, Paris, http://dx.doi.org/10.1787/5js37p21grzq-en.

- Ang, G. et V. Marchal (2013), « Mobilising Private Investment in Sustainable Transport: The Case of Land-Based Passenger Transport Infrastructure », *Documents de travail de l'OCDE sur l'environnement*, n° 56, Éditions OCDE, Paris, http://dx.doi.org/10.1787/5k46hjm8jpmv-en.

- Bahar, H., J. Egeland et R. Steenblik (2013), « Mesures nationales en faveur des énergies renouvelables et leurs effets potentiels sur les échanges », *Document de travail de l'OCDE sur les échanges et l'environnement*, n° 2013/01, Éditions OCDE, Paris, http://dx.doi.org/10.1787/5k44srlksr6f-en.

- Bahar, H. et J. Sauvage (2013), « Cross-Border Trade in Electricity and the Development of Renewables Based Electric Power: Lessons from Europe », *Documents de travail de l'OCDE sur les échanges et l'environnement*, n° 2013, n° 02, Éditions OCDE, Paris, http://dx.doi.org/10.1787/5k4869cdwnzr-en.

- Béné, C. et al., (2014), « Social Protection and Climate Change », *Documents de travail de l'OCDE sur la coopération pour le développement*, n° 16, Éditions OCDE, Paris, http://dx.doi.org/10.1787/5jz2qc8wc1s5-en.

- Botta, E. et T. Koźluk (2014), « Measuring Environmental Policy Stringency in OECD Countries: A Composite Index Approach », OECD Economics Department Working Papers, n° 1177, Éditions OCDE, Paris, http://dx.doi.org/10.1787/5jxrjnc45gvg-en.

- Cárdenas Rodríguez, M. et al., (2014), « Inducing Private Finance for Renewable Energy Projects: Evidence from Micro-Data », *Documents de travail de l'OCDE sur l'environnement*, n° 67, Éditions OCDE, Paris, http://dx.doi.org/10.1787/5jxvg0k6thr1-en.

- Chateau, J., B. Magné et L. Cozzi (2014), « Economic Implications of the IEA Efficient World Scenario », *Documents de travail de l'OCDE sur l'environnement*, n° 64, Éditions OCDE, Paris, http://dx.doi.org/10.1787/5jz2qcn29lbw-en.

- Convery, F. J., L. Dunne et D. Joyce (2013), « Ireland's Carbon Tax and the Fiscal Crisis: Issues in Fiscal Adjustment, Environmental Effectiveness, Competitiveness, Leakage and Equity Implications », *Documents de travail de l'OCDE sur l'environnement*, n° 59, Éditions OCDE, Paris, http://dx.doi.org/10.1787/5k3z11j3w0bw-en.

- Corfee-Morlot, J. et al., (2012), « Towards a Green Investment Policy Framework : The Case of Low-Carbon, Climate-Resilient Infrastructure », *Documents de travail de l'OCDE sur l'environnement*, n° 48, Éditions OCDE, Paris, http://dx.doi.org/10.1787/5k8zth7s6s6d-en.

- Dechezleprêtre, A., Haščič I. et Johnstone N. (2015), « Invention and International Diffusion of Water Conservation and Availability Technologies: Evidence from Patent Data », *Documents de travail de l'OCDE sur l'environnement*, n° 82, Éditions OCDE, Paris, http://dx.doi.org/10.1787/5js679fvllhg-en.

- Della Croce, R., C. Kaminker et F. Stewart (2011), « The Role of Pension Funds in Financing Green Growth Initiatives », *Documents de travail de l'OCDE sur la finance, l'assurance et les pensions privées*, n° 10, Éditions OCDE, Paris, http://dx.doi.org/10.1787/5kg58j1lwdjd-en.

- Dellink, R. et al., (2014), « Consequences of Climate Change Damages for Economic Growth: A Dynamic Quantitative Assessment », *Documents de travail du département des affaires économiques de l'OCDE*, n° 1135, Éditions OCDE, Paris, http://dx.doi.org/10.1787/5jz2bxb8kmf3-en.

- de Serres, A. et F. Murtin (2011), « A Welfare Analysis of Climate Change Mitigation Policies », *Documents de travail du Département des affaires économiques de l'OCDE*, n° 908, Éditions OCDE, Paris, http://dx.doi.org/10.1787/5kg0t00hd0g3-en.

- Drutschinin, A. et Casado-Asensio, J. (à paraître), « Biodiversity and Development Co-operation », *Documents de travail de l'OCDE sur la coopération pour le développement*, Éditions OCDE, Paris.

- Egli, F., Menon C.et Johnstone N. (à paraître), « Quality and Breakthrough Inventions: The Case of Climate Mitigation Technologies », Documents de travail de l'OCDE sur la science, la technologie et l'industrie, Éditions OCDE, Paris.

- George, C. (2013), « Developments in Regional Trade Agreements and the Environment: 2012 Update », *Documents de travail de l'OCDE sur les échanges et l'environnement*, n° 2013, n° 04, Éditions OCDE, Paris, http://dx.doi.org/10.1787/5k43m4nxwm25-en.

- Greene, J. et N.A Braathen (2014), « Tax Preferences for Environmental Goals: Use, Limitations and Preferred Practices », *Documents de travail de l'OCDE sur l'environnement*, n° 71, Éditions OCDE, Paris, http://dx.doi.org/10.1787/5jxwrr4hkd6l-en.

- Harding, M. (2014), « The Diesel Differential: Differences in the Tax Treatment of Gasoline and Diesel for Road Use », *Documents de travail de l'OCDE sur la fiscalité*, n° 21, Éditions OCDE, Paris, http://dx.doi.org/10.1787/5jz14cd7hk6b-en.

- Harrison, K. (2013), « The Political Economy of British Columbia's Carbon Tax », *Documents de travail de l'OCDE sur l'environnement*, n° 63, Éditions OCDE, Paris, http://dx.doi.org/10.1787/5k3z04gkkhkg-en.

- Haščič, I., N. Johnstone et N. Kahrobaie (2012), « International Technology Agreements for Climate Change: Analysis Based on Co-Invention Data », *Documents de travail de l'OCDE sur l'environnement*, n° 42, Éditions OCDE, Paris, http://dx.doi.org/10.1787/5k9fgpw5tt9s-en.

- Haščič, I., J. Silva et N. Johnstone (2012), « Climate Mitigation and Adaptation in Africa: Evidence from Patent Data », *Documents de travail de l'OCDE sur l'environnement*, n° 50, Éditions OCDE, Paris, http://dx.doi.org/10.1787/5k8zng5smxjg-en.

- Haščič, I. et al., (2015), « Public Interventions and Private Climate Finance Flows: Empirical Evidence from Renewable Energy Financing », *Documents de travail de l'OCDE sur l'environnement*, n° 80, Éditions OCDE, Paris, http://dx.doi.org/10.1787/5js6b1r9lfd4-en.

- Inderst, G., C. Kaminker et F. Stewart (2012),« Defining and Measuring Green Investments: Implications for Institutional Investors' Asset Allocations », *Documents de travail de l'OCDE sur la finance, l'assurance et les pensions privées*, n° 24, Éditions OCDE, Paris, http://dx.doi.org/10.1787/5k9312twnn44-en.

- Kaminker, C. et al., (2013), « Institutional Investors and Green Infrastructure Investments: Selected Case Studies », *Documents de travail de l'OCDE sur la finance, l'assurance et les pensions privées*, n° 35, Éditions OCDE, Paris, http://dx.doi.org/10.1787/5k3xr8k6jb0n-en.

- Kaminker, C. et F. Stewart (2012), « The Role of Institutional Investors in Financing Clean Energy », *Documents de travail de l'OCDE sur la finance, l'assurance et les pensions privées*, n° 23, Éditions OCDE, Paris, http://dx.doi.org/10.1787/5k9312v21l6f-en.

- Kauffmann, C., C. Tébar Less et D. Teichmann (2012), « Corporate Greenhouse Gas Emission Reporting: A Stocktaking of Government Schemes », *Documents de travail de l'OCDE sur l'investissement international*, n° 2012, n° 01, Éditions OCDE, Paris, http://dx.doi.org/10.1787/5k97g3x674lq-en.

- King, M. (2013), « Green Growth and Poverty Reduction: Policy Coherence for Pro-poor Growth », *Documents de travail de l'OCDE sur la coopération pour le développement*, n° 14, Éditions OCDE, Paris, http://dx.doi.org/10.1787/5k3ttg45wb31-en.

- Koźluk, T. et V. Zipperer (2013), « Environmental Policies and Productivity Growth: A Critical Review of Empirical Findings », *Documents de travail du Département des affaires économiques de l'OCDE*, n° 1096, Éditions OCDE, Paris, http://dx.doi.org/10.1787/5k3w725lhgf6-en.

- Koźluk, T. (2014), « The Indicators of the Economic Burdens of Environmental Policy Design: Results from the OECD Questionnaire », *Documents de travail du Département des affaires économiques de l'OCDE*, n° 1178, Éditions OCDE, Paris, http://dx.doi.org/10.1787/5jxrjnbnbm8v-en.
- Lanzi, E., et al., (2013), « Addressing Competitiveness and Carbon Leakage Impacts Arising from Multiple Carbon Markets: A Modelling Assessment », *Documents de travail de l'OCDE sur l'environnement*, n° 58, Éditions OCDE, Paris, http://dx.doi.org/10.1787/5k40ggjj7z8v-en.
- Martinez-Fernandez, C., et al., (2013), « Green Growth in the Benelux: Indicators of Local Transition to a Low-Carbon Economy in Cross-Border Regions », *Document de travail du Programme d'action et de coopération concernant le développement économique et la création d'emplois au niveau local (LEED) de l'OCDE*, n° 2013, n° 09, Éditions OCDE, Paris, http://dx.doi.org/10.1787/5k453xgh72ls-en.
- Martinez-Fernandez, C. et al., (2013), « Measuring the Potential of Local Green Growth: An Analysis of Greater Copenhagen », *Document de travail du Programme d'action et de coopération concernant le développement économique et la création d'emplois au niveau local (LEED) de l'OCDE*, n° 2013, n° 01, Éditions OCDE, Paris, http://dx.doi.org/10.1787/5k4dhp0xzg26-en.
- Mazur, E. (2012), « Green Transformation of Small Businesses: Achieving and Going Beyond Environmental Requirements », *Documents de travail de l'OCDE sur l'environnement, n° 47*, Éditions OCDE, Paris, http://dx.doi.org/10.1787/5k92r8nmfgxp-en.
- Mullan, M. et al., (2013), « National Adaptation Planning: Lessons from OECD Countries », *Documents de travail de l'OCDE sur l'environnement*, n° 54, Éditions OCDE, Paris, http://dx.doi.org/10.1787/5k483jpfpsq1-en.
- OCDE (2013a), « Cities and Green Growth: The Case of the Chicago Tri-State Metropolitan Area », *Documents de travail de l'OCDE sur le développement régional*, n° 2013, n° 06, Éditions OCDE, Paris, http://dx.doi.org/10.1787/5k49dv6c5xmv-en.
- OCDE (2013b), « Urbanisation and Green Growth in China », *Documents de travail de l'OCDE sur le développement régional*, n° 2013, n° 07, Éditions OCDE, Paris, http://dx.doi.org/10.1787/5k49dv68n7jf-en.
- OCDE (2013c), « Biotechnology for the Environment in the Future: Science, Technology and Policy », *OECD Science, Technology and Industry Policy Papers*, n° 3, Éditions OCDE, Paris, http://dx.doi.org/10.1787/5k4840hqhp7j-en.
- OCDE (2013d), « Nanotechnology for Green Innovation », *OECD Science, Technology and Industry Policy Papers*, n° 5, Éditions OCDE, Paris, http://dx.doi.org/10.1787/5k450q9j8p8q-en.
- Poirier, J., et al., (2015), « The Benefits of International Co-authorship in Scientific Papers: The Case of Wind Energy Technologies », *Documents de travail de l'OCDE sur l'environnement*, n° 81, Éditions OCDE, Paris, http://dx.doi.org/10.1787/5js69ld9w9nv-en.
- Roy, R. (2014), « Environmental and Related Social Costs of the Tax Treatment of Company Cars and Commuting Expenses », *Documents de travail de l'OCDE sur l'environnement*, n° 70, Éditions OCDE, Paris, http://dx.doi.org/10.1787/5jxwrr5163zp-en.
- Ruijs, A. et H. R. Vollebergh (2013), « Lessons from 15 Years of Experience with the Dutch Tax Allowance for Energy Investments for Firms », *Documents de travail de l'OCDE sur l'environnement*, n° 55, Éditions OCDE, Paris, http://dx.doi.org/10.1787/5k47zw350q8v-en.
- Shogren, J. (2012), « Behavioural Economics and Environmental Incentives », *Documents de travail de l'OCDE sur l'environnement*, n° 49, Éditions OCDE, Paris, http://dx.doi.org/10.1787/5k8zwbhqs1xn-en.
- Silva, J., F. de Keulenaer et N. Johnstone (2012), « Environmental Quality and Life Satisfaction: Evidence Based on Micro-Data », *Documents de travail de l'OCDE sur l'environnement*, n° 44, Éditions OCDE, Paris, http://dx.doi.org/10.1787/5k9cw678dlr0-en.
- Wilson, L. et al., (2014), « The Role of National Ecosystem Assessments in Influencing policy Making », *Documents de travail de l'OCDE sur l'environnement*, n° 60 Éditions OCDE, Paris, http://dx.doi.org/10.1787/5jxvl3zsbhkk-en.

Autres publications de l'OCDE en rapport avec la croissance verte

- AIE (2014a), *Capturing the Multiple Benefits of Energy Efficiency: A Guide to Quantifying the Value Added*, AIE, Paris, http://dx.doi.org/10.1787/9789264220720-en.
- AIE (2014b), *Energy Efficiency Market Report 2014*, AIE, Paris, http://dx.doi.org/10.1787/9789264218260-en.
- AIE (2014c), *Energy Technology Perspectives 2014*, AIE, Paris, http://dx.doi.org/10.1787/energy_tech-2014-en.
- AIE (2014d), *Medium-Term Renewable Energy Market Report 2014*, AIE, Paris, http://dx.doi.org/10.1787/renewmar-2014-en.
- AIE (2014e) *Tracking Clean Energy Progress 2014*, AIE, Paris. http://www.iea.org/etp/tracking/.
- AIE (2014f), *World Energy Outlook 2014*, AIE, Paris, http://dx.doi.org/10.1787/weo-2014-en.
- AIE (2013), *World Energy Outlook 2013*, AIE, Paris, http://dx.doi.org/10.1787/weo-2013-en.
- AIE (2012), *World Energy Outlook 2012, Éditions OCDE*, Paris, http://dx.doi.org/10.1787/weo-2012-en.
- Braconier, H., G. Nicoletti et B. Westmore (2014), « Policy Challenges for the Next 50 Years », *Documents d'orientation du Département des affaires économiques de l'OCDE*, n° 9, Éditions OCDE, Paris, http://dx.doi.org/10.1787/5jz18gs5fckf-en.
- Brandt, N., P. Schreyer et V. Zipperer (2013), « Productivity Measurement with Natural Capital », *Documents de travail du Département des affaires économiques de l'OCDE*, n° 1092, Éditions OCDE, Paris, http://dx.doi.org/10.1787/5k3xnhsz0vtg-en.
- Criscuolo, C. et C. Menon (2014), « Environmental Policies and Risk Finance in the Green Sector: Cross-country Evidence », *Documents de travail de l'OCDE sur la science, la technologie et l'industrie*, n° 2014/01, Éditions OCDE, Paris, http://dx.doi.org/10.1787/5jz6wn918j37-en.
- Criscuolo, C., et al., (2014), « Renewable Energy Policies and Cross-border Investment: Evidence from Mergers and Acquisitions in Solar and Wind Energy », *Documents de travail de l'OCDE sur la science, la technologie et l'industries*, n° 2014, n° 03, Éditions OCDE, Paris, http://dx.doi.org/10.1787/5jxv9f3r9623-en.
- Criscuolo, C., P. N. Gal et C. Menon (2014), « The Dynamics of Employment Growth: New Evidence from 18 Countries », *Documents de travail de l'OCDE sur la science, la technologie et l'industrie*, n° 14, Éditions OCDE, Paris, http://dx.doi.org/10.1787/5jz417hj6hg6-en.
- G20/OCDE (2012), « G-20/OECD Policy Note on Pension Fund Financing for Green Infrastructure Initiatives » , OCDE, Paris, http://www.oecd.org/g20/topics/energy-environment-green-growth/S3%20G20%20OECD%20Pension%20funds%20for%20green%20infrastructure%20-%20June%202012.pdf.
- Gordon, K., J. Pohl et M. Bouchard (2014), « Investment Treaty Law, Sustainable Development and Responsible Business Conduct: A Fact Finding Survey », *Documents de travail de l'OCDE sur l'investissement international*, n° 2014, n° 01, Éditions OCDE, Paris, http://dx.doi.org/10.1787/5jz0xvgx1zlt-en.
- Harding, M. (2014), « Personal Tax Treatment of Company Cars and Commuting Expenses: Estimating the Fiscal and Environmental Costs », *Documents de travail de l'OCDE sur la fiscalité*, n° 20, Éditions OCDE, Paris, http://dx.doi.org/10.1787/5jz14cg1s7vl-en.
- Miranda, G. et G. Larcombe (2012), « Enabling Local Green Growth: Addressing Climate Change Effects on Employment and Local Development », *Document de travail du Programme d'action et de coopération concernant le développement économique et la création d'emplois au niveau local (LEED) de l'OCDE*, n° 2012, n° 01, Éditions OCDE, Paris, http://dx.doi.org/10.1787/5k9h2q92t2r7-en.
- OCDE, BAD, Nations Unies et Banque mondiale (2012), *A Toolkit of Policy Options to Support Inclusive Green Growth: Submission to the G20 Development Working Group*, Éditions OCDE, Paris, www.oecd.org/media/oecdorg/directorates/developmentco-operationdirectoratedcd-dac/environmentanddevelopment/IGG-ToolkitAfDB-OECD-UN-WB-revised_July_2013.pdf.

- OCDE, Banque mondiale, Nations Unies (2012), *Incorporating Green Growth and Sustainable Development Policies into Structural Reform Agendas*, Rapport préparé pour le Sommet du G20 de Los Cabos, 18-19 juin 2012, OCDE, Paris, www.oecd.org/eco/greeneco/G20_report_on_GG_and_SD_final.pdf.

- OCDE, Bioversity International, CGIAR Consortium, FAO, FIDA, IFPRI, IICA, OCDE, CNUCED, Équipe de coordination de l'Équipe spéciale de haut niveau sur la crise mondiale de la sécurité alimentaire, PAM, Banque mondiale et OMC (2012), *Sustainable Agricultural Productivity Growth and Bridging the Gap for Small Family Farms (2012)*, Rapport interorganisations à la Présidence mexicaine du G20, OCDE, Paris, www.oecd.org/agriculture/agricultural-policies/50544691.pdf.

- OCDE/FIT (2015), *ITF Transport Outlook 2015*, Éditions OCDE, Paris/FIT, Paris, http://dx.doi.org/10.1787/9789282107782-en.

- OCDE/FIT (2013), « Une meilleure réglementation des partenariats public-privé d'infrastructures de transport », *Tables rondes FIT*, n° 151, Éditions OCDE/FIT, Paris, http://dx.doi.org/10.1787/9789282103975-fr.

- OCDE (à paraître a), « Policy Framework for Investment, 2015 », Chapitre 13, Éditions OCDE, Paris.

- OCDE (à paraître b), « Aligning Policies for the Transition to a Low-carbon Economy », Éditions OCDE, Paris, http://dx.doi.org/10.1787/9789264233294-en.

- OCDE (à paraître c), « Biodiversity offsets: Effective Design and Implementation », Éditions OCDE, Paris.

- OCDE (à paraître d), « Overcoming Barriers to International Investment in Clean Energy », Éditions OCDE, Paris, http://dx.doi.org/10.1787/9789264227064-en.

- OCDE (à paraître e), « Economic Policy Reforms 2015: Going for Growth », Chapitre 4, Éditions OCDE, Paris, http://dx.doi.org/10.1787/growth-2015-en.

- OCDE (à paraître f), « Principles on Water Governance for the Meeting of the Council at Ministerial Level 2015 », Éditions OCDE, Paris.

- OCDE (à paraître g), « Update on the OECD's Work on Climate Finance and Investment for the Meeting of the Council at Ministerial Level, 2015 », OCDE, Paris.

- OECD (2015), *Water Resources Allocation: Sharing Risks and Opportunities*, Études de l'OCDE sur l'eau, Éditions OCDE, Paris, http://dx.doi.org/10.1787/9789264229631-en.

- OCDE (2014), *Achieving a level playing field for International Investment in Green Energy*, Éditions OCDE, Paris (à paraître).

- OCDE (2014a), *Climate Resilience in Development Planning: Experiences in Colombia and Ethiopia*, Éditions OCDE, Paris, http://dx.doi.org/10.1787/9789264209503-en.

- OCDE (2014b), « Creating an environment for investment and sustainable development », in OCDE, *Coopération pour le développement 2014 : Mobiliser les ressources au service du développement durable*, Éditions OCDE, Paris, http://dx.doi.org/10.1787/dcr-2014-16-en.

- OCDE (2014c), « Finding synergies for environment and development finance », in OCDE, Coopération pour le développement 2014: *Mobiliser les ressources au service du développement durable*, Éditions OCDE, Paris, http://dx.doi.org/10.1787/dcr-2014-22-en.

- OCDE (2014d), *Vers des comportements plus environnementaux: vue d'ensemble de l'édition révisée de 2011*, Études de l'OCDE sur la politique de l'environnement et le comportement des ménages, Éditions OCDE, Paris, http://dx.doi.org/10.1787/9789264195493-fr.

- OCDE (2014e), *Comment va la vie dans votre région ? Mesurer le bien-être régional et local pour les politiques publiques*, Éditions OCDE, Paris, http://dx.doi.org/10.1787/9789264223981-fr.

- OCDE (2014f), « Innovating to finance development », in OCDE, Coopération pour le développement 2014 : *Mobiliser les ressources au service du développement durable*, Éditions OCDE, Paris, http://dx.doi.org/10.1787/dcr-2014-19-en.

- OCDE (2014g), *Job Creation and Local Economic Development*, Éditions OCDE, Paris, http://dx.doi.org/10.1787/9789264215009-en.
- OCDE (2014h), *Nanotechnology and Tyres: Greening Industry and Transport*, Éditions OCDE, Paris, http://dx.doi.org/10.1787/9789264209152-en.
- OCDE (2014i), *Le coût de la pollution de l'air : Impacts sanitaires du transport routier*, Éditions OCDE, Paris. http://dx.doi.org/10.1787/9789264220522-fr.
- OCDE (2014j), "Water Governance in the Netherlands: Fit for the Future?", *Études de l'OCDE sur l'eau,* Éditions OCDE, Paris, http://dx.doi.org/10.1787/9789264102637-en.
- OCDE (2013k), *Long-Term Investors and Green Infrastructure: Policy Highlights* www.oecd.org/env/cc/Investors%20in%20Green%20Infrastructure%20brochure%20(f)%20[lr].pdf.
- OCDE (2013l), *Scaling-up Finance Mechanisms for Biodiversity*, Éditions OCDE, Paris, http://dx.doi.org/10.1787/9789264193833-en.
- OCDE (2013m), *Taxing Energy Use: A Graphical Analysis*, Éditions OCDE, Paris, http://dx.doi.org/10.1787/9789264183933-en.
- OCDE (2013n), "Stakeholder Meeting April 2013: The Future of the Ocean Economy: Exploring the Prospects for emerging ocean industries to 2030", OCDE, Paris.
- OCDE (2013o), "Workshop on Global Value Chains in Shipbuilding, Presentation on The Future of the Ocean Economy: Exploring the prospects for emerging ocean industries to 2030", An OECD/IFP Foresight Project, http://www.oecd.org/sti/ind/Barrie%20Stevens%20OECD.pdf.
- OCDE (2012a), "An OECD-Wide Inventory of Support to Fossil-Fuel Production or Use", OCDE, Paris, http://www.oecd.org/site/tadffss/Fossil%20Fuels%20Inventory_Policy_Brief.pdf.
- OCDE (2012b), *OECD Employment Outlook 2012*, Éditions OCDE, Paris, http://dx.doi.org/10.1787/empl_outlook-2012-en.
- OCDE (2012c), *Energy and Climate Policy: Bending the Technological Trajectory*, OECD Studies on Environmental Innovation, Éditions OCDE, Paris, http://dx.doi.org/10.1787/9789264174573-en.
- OCDE (2012d), "Executive summary", in OECD, *Meeting the Water Reform Challenge*, Éditions OCDE, Paris, http://dx.doi.org/10.1787/9789264170001-3-en.
- OCDE (2012e), *Greening Development: Enhancing Capacity for Environmental Management and Governance*, OECD Publishing, Paris, http://dx.doi.org/10.1787/9789264167896-en.
- OCDE (2012f), Mortality Risk Valuation in Environment, *Health and Transport Policies,* OECD Publishing, Paris, http://dx.doi.org/10.1787/9789264130807-en.
- OCDE (2012g), *OECD Environmental Outlook to 2050: The Consequences of Inaction*, Éditions OCDE, Paris, http://dx.doi.org/10.1787/9789264122246-en.
- OCDE (2012h), "Proposal for a Project on: The Future of the Ocean Economy: Exploring the Prospects for emerging ocean industries to 2030".
- OCDE (2012i), *Rebuilding Fisheries: The Way Forward*, Éditions OCDE, Paris, http://dx.doi.org/10.1787/9789264176935-en.
- OCDE (2012j), *Sustainable Materials Management: Making Better Use of Resources*, Éditions OCDE, Paris, http://dx.doi.org/10.1787/9789264174269-en.
- OCDE (2009), *Declaration on Green Growth, adopted at the OECD Council Meeting at Ministerial level on 25 June 2009*, www.oecd.org/officialdocuments/publicdisplaydocumentpdf/?doclanguage=en&cote=C/MIN(2009)5/ADD1/FINAL.

Autres publications en rapport avec la croissance verte

- Banque mondiale (2014), *State and trends of carbon pricing 2014*, Banque mondiale, Washington, DC, http://documents.worldbank.org/curated/en/2014/05/19572833/state-trends-carbon-pricing-2014.
- Bowen, A. et Hepburn, C. (2014). « Green Growth ». *Oxford Review of Economic Policy.* 30(3), http://oxrep.oxfordjournals.org/content/current.
- Commission européenne (2011), *Proposition de Directive du Conseil modifiant la directive 2003/96/CE du Conseil restructurant le cadre communautaire de taxation des produits énergétiques et de l'électricité.* http://ec.europa.eu/taxation_customs/resources/documents/taxation/com_2011_169_fr.pdf.
- Forum économique mondial (2012), *The Green Investment Report: the ways and means to unlock private finance for green growth*, World Economic Forum Publishing http://www3.weforum.org/docs/WEF_GreenInvestment_Report_2013.pdf.
- Kennedy, C et J. Corfee-Morlot (2013), *Past Performance and Future Needs for Low Carbon Climate Resilient Infrastructure – An Investment Perspective*, http://dx.doi.org/10.1016/j.enpol.2013.04.031
- The New Climate Economy Report (2014), http://newclimateeconomy.report/ , The New Climate Economy.
- TNO (2013) *Kansen voor een circulaire economie in Nederland* [« Opportunités pour une économie circulaire aux Pays-Bas »], Delft http://www.rijksoverheid.nl/bestanden/documenten-en-publicaties/rapporten/2013/06/20/tno-rapport-kansen-voor-de-circulaire-economie-in-nederland/tno-rapport-kansen-voor-de-circulaire-economie-in-nederland.pdf).
- The White House, Office of the Press Secretary (11 novembre 2014), *U.S.-China Joint Announcement on Climate Change* www.whitehouse.gov/the-press-office/2014/11/11/us-china-joint-announcement-climate-change.

ORGANISATION DE COOPÉRATION ET DE DÉVELOPPEMENT ÉCONOMIQUES

L'OCDE est un forum unique en son genre où les gouvernements oeuvrent ensemble pour relever les défis économiques, sociaux et environnementaux que pose la mondialisation. L'OCDE est aussi à l'avant-garde des efforts entrepris pour comprendre les évolutions du monde actuel et les préoccupations qu'elles font naître. Elle aide les gouvernements à faire face à des situations nouvelles en examinant des thèmes tels que le gouvernement d'entreprise, l'économie de l'information et les défis posés par le vieillissement de la population. L'Organisation offre aux gouvernements un cadre leur permettant de comparer leurs expériences en matière de politiques, de chercher des réponses à des problèmes communs, d'identifier les bonnes pratiques et de travailler à la coordination des politiques nationales et internationales.

Les pays membres de l'OCDE sont : l'Allemagne, l'Australie, l'Autriche, la Belgique, le Canada, le Chili, la Corée, le Danemark, l'Espagne, l'Estonie, les États-Unis, la Finlande, la France, la Grèce, la Hongrie, l'Irlande, l'Islande, Israël, l'Italie, le Japon, le Luxembourg, le Mexique, la Norvège, la Nouvelle-Zélande, les Pays-Bas, la Pologne, le Portugal, la République slovaque, la République tchèque, le Royaume-Uni, la Slovénie, la Suède, la Suisse et la Turquie. La Commission européenne participe aux travaux de l'OCDE.

Les Éditions OCDE assurent une large diffusion aux travaux de l'Organisation. Ces derniers comprennent les résultats de l'activité de collecte de statistiques, les travaux de recherche menés sur des questions économiques, sociales et environnementales, ainsi que les conventions, les principes directeurs et les modèles développés par les pays membres.

ÉDITIONS OCDE, 2, rue André-Pascal, 75775 PARIS CEDEX 16
(97 2015 07 2 P) ISBN 978-92-64-23563-2 – 2015

www.ingramcontent.com/pod-product-compliance
Lightning Source LLC
LaVergne TN
LVHW081416110826
845149LV00010B/1761

* 9 7 8 9 2 6 4 2 3 5 6 3 2 *